SHODENSHA
SHINSHO

戦争と指揮

木元寛明

祥伝社新書

はじめに

「治《ち》に居て乱を忘れず」ということわざがある。

東日本大震災、毎年襲来する台風、あるいは新型コロナウイルスによるパンデミックなど突発的な乱に遭遇すると、安逸《あんいつ》を貪《むさぼ》っていた備えなきリーダーはたちまち馬脚《ばきゃく》をあらわす。沈着冷静に対応できるリーダーのあるべき姿を、指揮の本質という視点から探《さぐ》ることが本書のテーマである。

指揮というテーマを追究すると最後は人に行き着く。指揮論は畢竟《ひっきょう》リーダー論である。主題となる人の問題を日本人リーダーに絞ると、日本特有の風土・文化から生じるバイアスがかかり、かえって特定の環境――日本列島内での同質集団――で純粋培養されたリーダー像しか見えてこない。

この限界を打破する手段として、アメリカ合衆国陸軍という鏡に映して、あるいはフィルターを通して、日本軍・自衛隊、自分自身、さらには日本人の姿・像に迫《せま》りたい。米陸軍の紹介ではないかと思われるかもしれないが、あくまで日本人にふさわしいリーダー像を見つけることがねらいである。

本書では主たる対象を現場レベルの指揮官、幹部、リーダー、マネジャーに焦点《しょうてん》を当て、米陸軍旅団戦闘チーム（BCT）指揮官である旅団長（大佐）に鏡あるいはフィルターの役割を担ってもらうこととした。

「将軍は過去の戦争に備える」という格言がある。

第1次大戦後、フランスはドイツ軍の再侵攻に備えて「マジノ線」を構築した。フランス軍首脳部は旧思想に固執し、難攻不落と豪語した要塞《ようさい》を過信して、徒歩で行軍する歩兵部隊を中核とする防衛計画を作成した。マジノ線の建設予算は20個機甲師団の編成が可能な6000両の戦車に相当した。

一方、第1次大戦の敗者ドイツ軍は、臥薪嘗胆《がしんしょうたん》の後、戦車と急降下爆撃機による電撃戦を創出する。1940年5月、ドイツ軍機甲部隊はマジノ線を一気に突破してドーバー海峡に達した。フランス軍司令部も野戦部隊も、ドイツ軍のスピードに追随《ついずい》できず敗退を重ねて、わずか5週間弱で首都パリを失ってドイツ軍の軍門に降《くだ》った。

過去の戦争に備えた将軍の頑迷固陋《がんめいころう》が亡国を招いた。フランスは連合国の一員として最終的には勝利するが、この間にこうむった人的・物的損害ならびに精神的な打撃はきわめて甚大だった。成功体験に拘泥《こうでい》し、進歩に背を向けるリーダーの罪は重い。

本書執筆のために米軍教範を渉猟《しょうりょう》している中で、日本型リーダーの一般特性として、現場対応すなわち戦術に長《た》けているが、「先ず作戦の終わり方を決める」という米軍流の作戦術の発想を欠くことが明確になった。このことは第2章でやや力を入れて論述したので、意識改革の参考にしていただきたい。

イギリス陸軍退役少将J・F・C・フラーが「指揮官の最も重要な義務は決断することである。それは指揮官が腹をくくって〝イエス〟または〝ノー〟と言うことだ」と断言しているように、指揮官に求められる最大の資質は決断力である。

人を動かして仕事をするリーダーには、決断力と一体の精神要素として、いかなる結果をも甘受《かんじゅ》する懐《ふところ》の深さと潔《いさぎよ》さ、すなわち度量が不可欠である。ときには〝泣いて馬《ば》謖《しょく》を斬る〟非情さも必要だ。人の上に立つ者はすべからくノブレス・オブリージュ（高貴なる者の義務）を身につけるべし。

２０２０年12月　木元寛明

目次

第2章 指揮の実行（状況判断—決断）

第3章 指揮官の位置

第4章 エリートの義務

第5章 指揮と通信の変遷

図版製作 アルファヴィル・デザイン

第1章 指揮の本質

どんな場合でも、人の上に立つということは非常に難しいことであります。人は命令だけで動くものと思ってはなりません。部下を動かすことのできる人は、リーダーとして部下からの全幅の信頼があってこそ可能だと言えるのであります。

ソニー創業者　盛田昭夫

1-1 指揮の本質
――指揮官による全人格的な行為――

指揮は指図？

指揮という概念は一筋縄では捉《とら》え難《がた》く、いくつかの異なる角度からその実態に迫《せま》ってみたい。先ずは〝恥ずべき〟事例から始める。

1992年9月、カンボジア国際平和協力事業として600人の第1次カンボジア派遣施設大隊がカンボジアに派遣され、国連カンボジア暫定統治機構（UNTAC）の軍事部門司令官の指揮下に入った。常識的に考えると、自衛隊の施設大隊は軍事部門司令官の指揮を受けて活動することになる。

ところが、日本国政府は、コマンド（command）を「指図」と迷訳して、施設大隊は軍事部門司令官の「指図」は受けるが「指揮」は受けない、と言いつくろった。国内政治状況に配慮した苦肉の表現だが、このようなごまかし、言葉遊びは国際社会では通用しない。件《くだん》の軍事部門司令官が即座に反発したことは言うまでもない。

日本国内で陸上自衛隊が米陸軍や米海兵隊と共同訓練を行なうとき、自衛隊と米軍は別々の指揮系統で行動し、必要な場合は共同調整所で話し合うという形式をとっている。戦場では先任の1人の指揮官が一元的に指揮することが鉄則であるが、わが国では軍事常識より国内政治への配慮が優先されるのだ。

カンボジアへの派遣問題が国会で議論されたとき、当時の宮澤《みやざわ》喜《き》一《いち》首相が、コマンドを「指図」と言い換えて答弁するのを聞き、筆者は、自衛隊はこのような最高指揮官のもとで本当に戦えるのかと情けない気持ちになった。これは不信感をはるかに超えた絶望といってもよいほどのショックだった。

では、国内の辞典は「指揮」をどう定義しているか？

「さしずすること、下知」（『広辞苑 - 第四版』岩波書店）

「何人かの人などにそれぞれの役割に応じた働きをさせるように、全体を掌握しながらさしずすること」（『新明解国語辞典 - 第七版』三省堂）

と定義しており、いずれもかつての政府答弁が準拠になっているものと推察される。

軍隊の指揮は厳粛な行為である。指揮とは、指揮権を付与された個人が、その権限に基づいて、部隊・機関、または個人に対し、意志を表示し、その意志に従わせることをいう。つまり、**指揮とは指揮官の意志を合法的に部下・部隊に強制する権限**のことである。当然、部下・部隊はこれに服従する義務がある。

指揮には、指揮官のリーダーシップ、責任・権限・報告説明の義務に加えて、部隊の即応態勢の維持、健康管理、福利厚生、士気の高揚、ならびに兵員の規律の維持が含まれる。

また、作戦・戦闘には必然的に兵員の死傷が生じ、戦場一帯の住民や社会活動に物心両面の被害をもたらす。指揮の適否は国家の命運につながり、軍隊における指揮（コマンド）を「指図」などと小手先で安直にごまかしてはいけないのだ。

軍事行動は最小の犠牲で最大の成果を得ることが最優先され、指揮官の断固とした指揮がそのカギを握っている。米軍の湾岸戦争での戦死者148人、負傷者458人は、歴史上稀有《けう》な数字といっても過言ではない。最近何かと話題になる『超限戦』の著者である喬良《きょうりょう》・王湘穂《おうしょうすい》（元中国空軍将校）は、人海戦術を躊躇《ちゅうちょ》しないお国柄らしく、この数字を「アメリカ式の贅沢《ぜいたく》な戦争様式」、「贅沢病」と揶揄《やゆ》しているが……。

指揮はC2《シーツー》

軍隊の指揮は状況判断、決断、計画、命令、報告・通報などを包括《ほうかつ》する概念である。これを指揮の実行という視点から眺めると、指揮と統制は渾然一体《こんぜんいったい》化したものであり、米軍はC2（コマンド・アンド・コントロール）とひとくくりで表現し、指揮官と指揮官を補佐する幕僚の活動を一心同体と見なしている。

指揮・統制はどちらかといえば抽象的な概念で、恣意《しい》的に解釈できるという面がある。この点に関して、米軍はC2を明確に定義して疑義のないようにしている。

「コマンド（指揮）」は、軍隊指揮官が、階級または序列に基づいて、部下に対して合法的に行使する権限である。

ここで明示されていることは、指揮官の合法的な権限の行使と行使の対象が部下であること。上位者が下位者に対して指揮できるという誤った解釈があるが、指揮権を行使できる対象はあくまで指揮系統上の部下である。

「コントロール（統制）」は、指揮官の企図《きと》に従って、任務達成のために部隊および戦闘機能を規制することである。

これは指揮官を補佐する幕僚の業務を対象としている。すなわち、指揮官の決断を標準化された様式で計画・命令として具体化し、指揮下部隊の行動を混乱なく実行させることである。

　指揮および統制はアートとサイエンスの両方を駆使する。指揮官は任務を達成するために指揮のアートと統制のサイエンスを結合させる。

（米陸軍野外教令『オペレーションズ』）

日本語のアートは「芸術」を意味する場合が多い。アートは「人為」、「技巧」の意味もあり、「自然のままではなく、人間の力が加わること」（『新明解国語辞典』）と捉えると、思考の範囲が広がる。であるが、「指揮のアート」を指揮の芸術、指揮の実行術、指揮の技巧などと翻訳すると、名実相伴《めいじつあいともな》わない感がする。

サイエンスは計量化および成文化できる能力、技法、手順を表す「科学」で、「統制のサイエンス」を敢えて翻訳すると「統制の科学」となり、アートほどの違和感はないが、軍事用語としてはやはりいまひとつピンとこない。

それゆえ、本書では軍事用語に使用される art および science をカタカナで表記することにする。アートとサイエンスは暗黙知と形式知として捉える見方がある。具体的に見てみよう。

指揮のアートは暗黙知

指揮のアートは、指揮官のタイムリーな決断とリーダーシップによる、独創的かつ練達した権限の行使である。

指揮官は一個の人間として①**全人格をかけて委託された権限を行使すること**、②**不確実な状況下で決断すること**、③**統制の緩急をどの程度にすべきか**、④**利用可能な資源の配分**を絶えず求められる。

指揮官のアートの熟成度は、本人がこれまでに履修《りしゅう》して身につけた課程教育、自己研鑽《けんさん》、作戦への参加や訓練の実施経験が渾然一体となって発酵《はっこう》したもので、答えが自然に導かれる有効な方程式はない。

決断できるのは指揮官ただ1人であり、究極の場面では、指揮官は孤独のうちに決断することを迫られる。指揮がアートといわれるゆえんである。ルビコン川を渡ったカエサルの例はその典型である。

ルビコン川の岸に立ったカエサルは、それをすぐには渡ろうとはしなかった。しばらくの間、無言で川岸に立ちつくしていた。従う第十三軍団の兵士たちも、無言で彼らの最高司令官の背を見つめる。ようやく振り返ったカエサルは、近くに控える幕僚たちに言った。

「ここを越えれば、人間世界の悲惨。越えなければ、わが破滅」

そしてすぐ、自分を見つめる兵士たちに向い、迷いを振り切るかのように大声で叫んだ。

「進もう、神々の待つところへ、われわれを侮辱した敵の待つところへ、賽《さい》は投げられた！」

兵士たちも、いっせいの雄叫《おたけ》びで応じた。そして、先頭で馬を駆るカエサルにつづいて、一団となってルビコンを渡った。紀元前四九年一月十二日、カエサル、五十歳と六ヵ月の朝であった。


（塩野七生《しおのななみ》著『ローマ人の物語10』）

塩野女史の名調子であるが、人の上に立つリーダーはすべからく、立場や地位の違いはあっても、カエサルのように孤独のうちに決断を迫られることがある。いかに優秀な幕僚といえども、指揮官の決断に資する資料・情報の提供はできるが、決断という全人格を挙げての行為は代替《だいたい》できない。**決断するのは、指揮機能ではなく指揮官だけである。**

指揮のアートは「暗黙知」なのだ。

暗黙知は言語化されがたい知で、直感と熟練という2つの側面があり、きわめて人間的な知だ。また、暗黙知は個人的な知であり、いくら集積しても個人の域を出ない。

統制のサイエンスは形式知

指揮のアートは指揮官の人間的側面が大きなウエイトを占《し》めているが、これと対照的に、統制のサイエンスは客観的、事実、経験則、および分析に基づく。つまり個人的な感情が入る余地はない。

統制のサイエンスには①**情報の統制**（正確性、タイムリー、理解容易なフォーマット、完全性、必要十分な細部、信頼性など）、②**通信の統制**（情報配付チャンネルなど）、③**配属・支援などの統制**、④**指揮下部隊の独断に関する統制**がある。

いかなる軍隊にも共通するが、軍隊は用語の定義や部隊符号などを厳格に規定して、全部隊に徹底している。例えば、旅団長が決断し、指揮下部隊に実行を命ずる場合、地図上に必要な事項を描写する作戦図が使用されることが一般的だが、今日ではインターネットを通じてディスプレイに表示されることが多い。

使用される用語、部隊符号、図形（下図）などは誰が見ても共通の理解があり、動きのある戦場でも一瞥《いちべつ》で正確に判別できなければならない。

旅団長の決断を、幕僚が作戦規定や文書要務に基づいて作戦計画を作成し、計画に作戦図を添付し、これを指揮下部隊に配付する。計画を実行に移すときには、規定の様式に基づいて行動命令を発出する。このような具体的な作業が統制のサイ

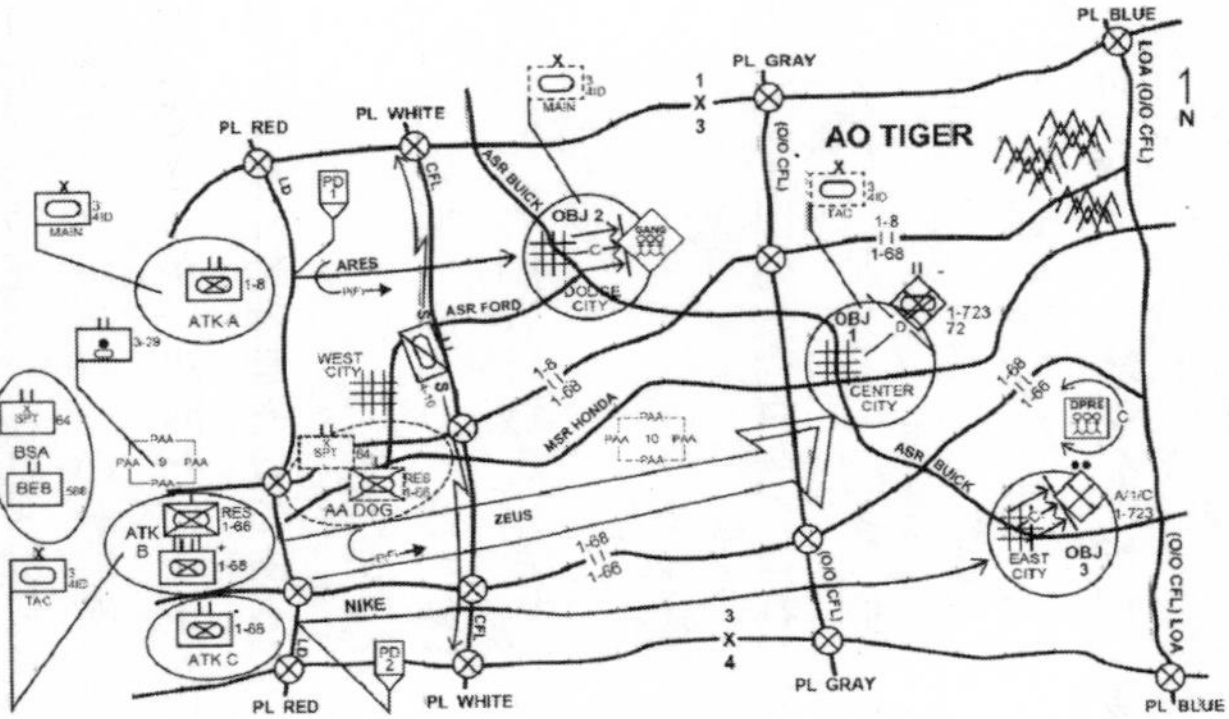

旅団戦闘チームが攻撃する場合の作戦図のサンプル。攻撃部隊、攻撃目標、攻撃開始線、統制線などが描写されている。（出典：米陸軍野外教令FM6-0）

エンスで、旅団長を補佐する幕僚の基本的な仕事である。

統制のサイエンスは「形式知」である。

形式知は言語知で、分析的な知を媒介にして獲得できる知のことをいう。

つまり、直接経験しなくても学ぶことにより習得できる知識であり、私たちが学校教育で教えている知識のことである。軍隊でいえば、各種学校の課程教育や教育部隊で座学として教えていること、マニュアルに記述されている内容で、誰でも言語を通して学ぶことができる。

軍隊にかぎらず企業、学校などいかなる組織、団体にも、膨大な量の知の集積資料が使用されることなく死蔵されている。これらを効果的に活用しようとする試みがナレッジ・マネジメント（知識管理）であり、米陸軍では特に重視している。このことに関しては第3章で取り上げたい。

1-2 指揮官と幕僚

――幕僚は指揮官の頭脳を補佐し、また手足として行動する――

幕僚の役割と責任

スタッフ（参謀、幕僚）はナポレオンの軍隊を起源とするが、国情、軍隊の性格などによりそれぞれに特色が見られる。筆者がイメージする幕僚像は、権威主義にとらわれず、専門知識（作戦術、戦術、専門分野に通暁《つうぎょう》）を身につけ、チームで仕事ができる人材であり、具体的には今日の米陸軍の幕僚システムが参考になる。

幕僚には、①**作戦プロセスの実施**（計画し、準備し、実行し、そして評価する）、②**知識管理（ナレッジ・マネジメント）および情報管理の実施**、③**広報および影響活動の実施**、④**サイバー領域・電磁波領域管理の実施**という**4つの役割**がある。

さらに、①**指揮官を補佐する**（サポート）、②**隷下の指揮官・幕僚・部隊を援助する**（アシスト）、③**司令部（本部）内外の部隊・組織に通知する**（インフォーム）という**3つの責任**がある。

特に注目すべきことは、役割のうち「広報および影響活動の実施」と「サイバー領域・電磁波領域管理の実施」である。

「広報および影響活動の実施」とは、作戦と連携してテーマを決めメッセージを作り上げ、国内の大衆に知らしめ、国外の友好的、中立的、敵対的、および敵住民に対して影響を与えることである。今日の中国人民解放軍が行なっている政治工作「3戦（輿論《よろん》戦、心理戦、法律戦）」と通底するものがある。

「サイバー領域・電磁波領域管理の実施」とは、サイバー空間および電磁波領域（電波〜光波領域を対象）において、相手の使用を無効化し低減させて自らのシステムを防護し、敵性勢力および敵に対して優位を獲得し、維持し、そして拡大することである。指揮官は幕僚の補佐を受けてサイバー戦、電磁波戦、および電子戦を統合一体化して実施する。

この2つは自衛隊の活動からほぼ欠落している領域といえよう。令和2年版「防衛白書」によると、電磁波領域を担当する部署の設置（内局、統幕）、関連装備の整備、部隊の配備などにようやく着手するようだ。

優秀な幕僚に求められる資質

幕僚にふさわしい将校は、専門分野のあらゆる側面で能力を発揮でき、ドクトリンおよび作戦プロセスに通暁し、同僚他幕僚メンバーの職責を完全に理解し、上下級司令部（本部）と調整できなければならない。

米陸軍は優秀な幕僚の特質として次の7項目を挙げている。

①**有能**……主導的・自主積極的に行動し、批判的かつ創造的に思考できる。指示を待つことなく、指揮官のニーズを先読みして、要求される前に答えを準備する。

②**順応性**……作戦環境の変化をすばやく読み、ただちに計画、戦術、手法、および手順を状況に順応（適合）させることができる。

③**柔軟性**……要求事項や優先事項に変化があっても、茫然自失《ぼうぜんじしつ》や挫折《ざせつ》することなく、臨機応変に対応できる。

④**自信と謙虚**……全幕僚は中途半端な努力ではなく全力を挙げて指揮官を補佐し、たとえ提案が拒否されても、頭を切り替えて、指揮官がベストの決断ができる代替案や自分の案とは異なるアイディアを提案できる。

⑤**協調性**……幕僚はチーム・プレイヤーで、司令部（本部）内外の他幕僚と共同して、効果的なコラボレーションおよび調整が実施できる。

⑥**内省的**……行動中においても、すばやく評価して修正手段を講じ、正しい結果に導くことができる。行動終了後、即座に分析と評価を実施し、将来に役立つ措置を講ずることができる。

⑦**意思の疎通**……幕僚将校は相手に明瞭に意思を伝え、また口頭で、文書で、視覚的（チャート、グラフ、図を使用して）手段によりプレゼンを実施できる。幕僚は大量かつ複雑な情報資料を理解容易なフォーマットに変換してブリーフィングを実施する技術に長《た》けている。幕僚は明確かつ正確な命令、計画、幕僚見積、および報告を記述することができる。

これら幕僚将校に求められる7つの資質は、軍隊の幕僚に限らず、あらゆる組織のリーダーや構成員にも共通している。指示待ち、状況急変に際して臨機応変の行動ができない、規律心が欠け組織の決定に従わない、個人としては優秀だがチームで仕事ができない、人対人のコミュニケーション能力が低い、文章記述能力が劣る等々、ビジネスの現場でも他人事《ひとごと》とは思えない事例が散見される。

行き過ぎた参謀のエリート化

旧日本陸軍の参謀本部はモルトケ時代のドイツ参謀本部を手本とした。モルトケが人選して日本に派遣したドイツ陸軍の参謀将校メッケル少佐が全体を指導し、メッケルの軍事理論と参謀養成教育がその後の日本陸軍のあり方に決定的に影響した。

日本陸軍の参謀制度は必然的に参謀統帥（モルトケ方式）となり、満州事変《まんしゅうじへん》（1931年）より支那《しな》事変、太平洋戦争へと猪突猛進《ちょとつもうしん》したのはその弊害である。満州事変の際の関東軍参謀だった板垣征四郎《いたがきせいしろう》大佐と石原莞爾《いしわらかんじ》中佐の謀略に対して、人事的に厳然たる態度をとらなかったことが決定的な禍根《かこん》となった。〝泣いて馬謖《ばしょく》を斬る〟峻厳《しゅんげん》さが必要だったのだ。人事の信賞必罰《しんしょうひつばつ》は基本中の基本である。

一方、イギリス・アメリカ・フランスの参謀はナポレオン方式の流れで、参謀は秘書的色彩が強く、情報収集と命令伝達が主任務で、主将の決心を左右するような企画や意見具申《いけんぐしん》はほとんどしなかった。

旧陸軍の参謀制度は日清・日露戦争では効果的に機能したが、日露戦争以降は参謀のエリート意識が高揚し、やがて参謀飾緒《しょくちょ》と天保銭《てんぽうせん》（陸大卒徽章《きしょう》）が肩で風を切るようになり、幕僚道の本質から逸脱《いつだつ》して下剋上《げこくじょう》の風潮を生ずるようになった。また旧陸軍は作戦部門のエリート意識が極端に強く、他部門を見下し、組織全体で仕事をするチームワーク意識を決定的に欠いた。

大本営の中にもう一つの大本営奥の院があって、そこでは有力参謀（筆者注・作戦班には陸大軍刀組以外は入れなかった）の専断でかなりのことが行われていたように感じられてならない。

（堀栄三《ほりえいぞう》著『大本営参謀の情報戦記』）

『作戦要務令《さくせんようむれい》』は、旧陸軍の基準典範令《てんぱんれい》で師団を主対象として記述しているが、全編を通じて、参謀という用語が出てこない。旅団以上には参謀が配置されるが、『作戦要務令』は指揮官と参謀の関係に一言も触れていない。『作戦要務令』は教育総監部が起草《きそう》し、参謀の養成と配置は参謀本部が所掌《しょしょう》した。第三者は参謀のあり方に口を出すな、という参謀本部の思惑が透《す》けて見える。

一方、陸上自衛隊は米軍方式の幕僚制度を採用し、今日では完全に定着している。筆者のような当初から自衛隊という制度のもとで教育訓練を受けた者は、「幕僚は指揮官を補佐するものであり、その活動の根源は指揮官にある。幕僚は部隊を指揮する権限を保有しない」という幕僚の在《あ》り方は常識となっており、疑問の余地はない。

パゴニス流の幕僚の活用

緊急非常時における臨機応変の米軍式幕僚の活用を紹介しよう。

湾岸戦争は、28カ国の多国籍軍から成る56万人の大部隊、700万トンの軍需物資、13万両の戦闘車両などを地球の反対側からサウジアラビアへ運び、作戦終了後にまた元に戻すという空前絶後の大事業だった。この指揮を執《と》ったのが第22支援コマンド司令官ガス・パゴニス陸軍中将（戦役中に昇進）だった。

通常、戦闘部隊が展開する前に、戦域にベースキャンプを設定し、到着する戦闘部隊を受け入れる要員・物資・施設などが存在している。湾岸戦争ではベースキャンプもなく、支援要員なども皆無だった。

イラクがクウェートに侵攻した4日後の1990年8月6日、1カ月前にフォースコム

（米陸軍総軍）兵站《へいたん》部長に着任したばかりのW・G・パゴニス少将は、突然、中央軍（セントコム）に転属を命じられた。

転属命令を受けたとき、「ガス、向こうで必要なものを思い付いたら、とにかく何でも要求してくれ」とのヴオーノ参謀総長からの電話に対して、「数人の専門家を連れて行きたい」とパゴニス少将が応じると、「希望する20人のリストを送れ、貴官の希望通りにする」と参謀総長が確約した。

パゴニスは石油と燃料の管理、受け入れ国（ホスト・ネーション）との関係、港湾の運用、食糧サービスの管理、輸送など重要と考えられるすべての分野の専門家をリストアップし、そのうちの3人を直接引率《いんそつ》して直《ただ》ちにサウジアラビアに向かった。指名した20人はいずれもかつてパゴニスのもとで仕事をしたそれぞれの分野のエキスパート、すなわち後方支援の専門家だった。

6日後の8月12日、リストアップした20人（4〜5人の代替要員を含む）とヨーロッパから招請《しょうせい》した4人がパゴニスのもとに到着、早速仕事を開始した。後に第22支援コマンドという5万人を擁する巨大組織になるが、出発時点ではパゴニス以下わずか25人の小さなグループに過ぎなかった。

当初のパゴニスのチームは大佐以下の兵站専門将校が大半だったが、中には准尉《じゅんい》や曹長《そうちょう》も含まれていた。パゴニスの人事は、組織のヒエラルキーや階級にこだわらない実務的なもので、真に実力ある者を抜擢《ばってき》し、彼らを全面的に信頼して仕事を任せた。わが国のような硬直した組織ではありえない事象だ。

第22支援コマンドが本格的に機能を発揮するようになる頃、パゴニス司令官は司令部の選《よ》りすぐりの12人前後の幕僚グループ（ゴーストバスターズと呼称）を選抜して、自らの代役として戦場に出向かせた。

彼らは指揮系統外の存在で編成表に定められた幕僚ではなかったが、パゴニスの影を感じさせながら、機動力のある補佐者として、部隊が与えられた計画を予定通りに実施しているかを現場で確認し、見事に任務を達成した。

1-3 マネジメントと軍事

――マネジメント理論と軍事理論は同根――

アメリカ式マネジメントの原点

アメリカで勃発《ぼっぱつ》した南北戦争（1861～65年）は遠い昔の話ではなく、わが国の幕末期、大老井伊直弼《いいなおすけ》が桜田門外《さくらだもんがい》で暗殺され、坂本竜馬《さかもとりようま》が奔走《ほんそう》し、新撰組《しんせんぐみ》が京の治安維持に任じられていたのと同時代のことだ。

南北戦争は、両軍合わせて320万人を超える兵士が東西1200キロ・南北1300キロの広大な地域で4年間戦い、160余カ所で戦闘を行なった。戦死20万、戦傷50万、戦死傷者の合計70万人という膨大《ぼうだい》な数字が残っている。

北軍兵器廠《しよう》は、4年間で400万挺《ちよう》の小火器（マスケット銃、ライフル銃、カービン銃、連発式カービン銃、コルト拳銃、レミントン拳銃など）、10億発を超える小火器用の雷管《らいかん》を製造し、これらを前線の兵士に補給した。

北軍の軍事鉄道隊は1年間で365台の機関車、4203台の貨車を製造した。鉄道による補給量は500万トンを超え、鉄道建設隊は、鉄道輸送を確保するために、多くの河川などに多数の鉄橋を短期間で架設した。

南北戦争当時、アメリカは産業革命の真っただ中で、その成果である鉄道や有線電信が本格的に軍事に使用された。南北戦争では近代戦の萌芽《ほうが》がいくつも見られ、同時にアメリカ式マネジメントの原点となった。

南北戦争後、戦争遂行に投入されていたアメリカ人のエネルギーが、西部開拓に傾注されるようになりました。その結果として鉄道が西へ西へと敷設され、これに沿って有線電信が展張され、ヒト・モノ・カネ・情報の流れが加速され、需要が飛躍的に喚起されました。

それまで創業経営者が一人で采配を振るっていた生産現場は、喚起された需要の増大に供給を適応させるため、急速に生産規模を拡大することを余儀なくされました。この規模拡大した生産現場を適切に制御し管理するために導入されたのが、軍隊式のマネジメントでした。

（杉之尾宜生《すぎのおよしお》論述「『失敗の本質』から何を学ぶか」）

マネジメント理論は120年の歴史

学問としてのマネジメントが確立したのは20世紀の初頭、マネジメント理論の歴史はわずか120年と若く、今日なお発展途上にあるといえよう。

1911年にアメリカ人フレデリック・テーラーが『科学的管理法の原理』を、1916年にフランス人アンリ・ファヨールが『産業ならびに一般の管理』を刊行した。いずれも今日のマネジメント理論の源流となる著作で、前者は問題解決という実務面を探求した理論、後者はマネジメントの本質に関する理論である。

アンリ・ファヨールは**「マネジメントの基本原則」**として「分業の原則」「権限と責任の原則」「規律の原則」「命令の一元化の原則」「指揮の一元化の原則」「個人利益の全体利益への従属の原則」「従業員の報酬の原則」「権限の集中の原則」「階層組織の原則」「秩序の原則」「公正の原則」「従業員の安定の原則」「創意の原則」「従業員の団結の原則」の14個を定義した。

また、ファヨールは**マネジメント・プロセスの5つの機能**を提唱している。

これらは**計画**（これから起こることを予測して計画を立てる）、**組織**（やるべき仕事を順序だてて組織化する）、**命令**（分かりやすく指示して従業員を機能させる）、**調整**（活動と努力を集中し、団結させ、調和させる)、**統制**(規則・命令に従って進行させる)である。

ファヨールの理論は、1世紀を経た今日なお、マネジメントの教科書に管理の5機能として記述されている。ファヨール以降、学者や実務家たちが新しい機能を追加したり、整理したりしてきたが、ファヨールの理論は今日も色あせていない。

テーラーやファヨールが独自の理論を展開する際に巨大組織の軍隊流マネジメントを参考にしたことは想像に難くない。このことはファヨールの「マネジメントの基本原則」および「マネジメント・プロセス」を一読すれば容易に推測できる。

すでに述べたようにアメリカ式マネジメントは南北戦争が原点であり、アメリカでは軍隊式マネジメントと企業経営マネジメントには共通点が多い。

ファヨールのマネジメント・プロセス

計　画	(予測し計画する)	Planning
組　織	(仕事を組織化する)	Organizing
命　令	(分かりやすく指示する)	Commanding
調　整	(集中・団結・調和)	Coordinating
統　制	(命令通りに進行させる)	Controlling

アメリカ各界で幅広く活躍しているトップリーダーの多くが、ウエスト・ポイントなど陸海空士官学校や予備役将校養成課程（ROTC、幹部候補生課程）出身者であることはよく知られている。アメリカ社会にはわが国のように軍事というだけで忌避《きひ》され排斥《はいせき》される狭量さは、みじんも感じられない。

20世紀になり、第1次世界大戦、第2次世界大戦を経験するなかで、アメリカでは行動科学（サイモンの「企業組織の意思決定論」など）が大いに発達した。米陸海軍は行動科学の学問的な成果を導入し、軍の情報活動の業務処理プロセスや状況判断プロセスに取り入れている。

最近の例では、米陸軍は、軍隊の内外に眠っている膨大な知的財産を積極的に活用すべく、**知識管理（ナレッジ・マネジメント）を情報見積、危険見積、状況判断プロセスなどに積極的に取り入れている。**

ドラッカーはアメリカの軍隊を高く評価していた

現代マネジメントの父ピーター・ドラッカーは「ビジネスは戦いだ」といったたぐいの考え方には強く反対していたが、軍隊には「企業が誕生する以前の、危険や不確実性に満ちた幾千年の歴史のなかでは、数々のアイディアが紡《つむ》がれており、その多くは軍隊以外の組織にも役立つはず」と信じていた。

ドラッカーの教え子ウィリアム・A・コーンの著書によると、ドラッカーは、企業ほか民間組織のリーダーは①**教育訓練システム**、②**人事（昇進）システム**、③**リーダーシップ**の3つの分野に着目して軍隊のマネジメントを研究すべき、と考えていた。

ドラッカー先生は、軍部（軍隊）の研修（教育訓練システム）をあらゆる観点から評価していた。「だれでも大きな責任を担える」という発想を土台とし、骨のある真剣味あふれる研修をたゆまず行っていたからだ。

（ウィリアム・A・コーン著、有賀裕子訳『ドラッカー先生の授業』）

平時、米軍に限らず世界中の軍隊は、次の戦争に備えて教育訓練を主体として人材を育成し、戦術戦法を開発し、厳しい訓練を行なってきた。だが、「将軍は過去の戦争に備える」という格言があるように、多くの軍隊が次の戦争で失敗を重ねてきたこともまた歴史が教える事実である。

特に米国民には大規模常備軍を嫌悪する伝統があり、戦争が終わると直ちに動員を解除することが通例となり、次の戦争は起こらないと信じる傾向があった。このために次の戦争への準備はほとんどなされず次の戦争の緒戦《ちょせん》で敗れた。その後、徐々に勝利を得るようになるが、この間に膨大な犠牲を払うことを余儀なくされた。

1973年3月にベトナム戦争から撤退した米軍は徴兵制から志願兵制へ移行するが、当時は東西冷戦の最盛期で、相当数の常備軍を維持せざるを得なかった。だが、大義名分なきベトナム戦争で疲弊していた米陸軍は、兵員の質も士気も最低段階となり、まさに壊滅状態といっても過言ではなかった。

筆者はアメリカという国家の底力に敬意を表する者である。米陸軍は崩壊状態の軍を再生するために**「マシーンよりはむしろアイディアとピープルへ（機械よりも理念と人へ）」**というコンセプトを掲げて、自らの努力（陸軍式マネジメント）で陸軍改革を成し遂げた。このことに関しては第4章で取り上げる。

多くの企業では、「時間とカネがかかる」という視点から研修を捉え、機会も時間もきわめて少ないというのが現実だ。ごく一部の人材を除いてマネジャーの育成はＯＪＴ（職務現場で業務を通して行なう教育訓練）と自己研鑽《けんさん》が主体で、ドラッカーは企業も軍隊と同じように教育訓練を重視すればよいと考えていた。

1-4 「指揮」アラカルト

――「指揮」には様々な側面がある――

指揮官の演技

戦闘戦史を読んでいると、部隊の大小にかかわらず、部隊が危機に瀕したとき、部下が指揮官の顔を見る場面に出くわす。この危機的な状況を指揮官はどう打開するのか、この指揮官についていけば自分は助かるのか、という切羽詰《せっぱつ》まった思いで部下は本能的に指揮官の表情や態度を窺《うかが》うのだ。

このようなとき、たとえ部下と同じように動揺していても、指揮官は泰然自若《たいぜんじじゃく》に構え、部下に安心感を与えなければならない。部下の刺すような視線を冷静に受け止め、オレは動転していないぞという態度を見せつけることが重要なのだ。**つまり指揮官は究極の場で演技・演出ができなくてはいけないということだ。**

筆者は、このようなことは知識として承知していたが、「軍人たるものが演技、演出とは何事か」と内心では軽視していた。だが、大隊長時代に発生した重大事故で部下を失ったとき、四方八方から部下の鋭い視線が自分に浴びせられていることを痛いほど感じた。

筆者にとっても初めての突発的な経験で、参考にすべきマニュアルなどは勿論《もちろん》ない。あるのは自分一個の覚悟だけだ。大隊長は動転していないぞという態度を部下に見せなければいけないと考え、大隊長室の個室から出て大部屋の幕僚室のど真ん中に腰を据えて、自分の姿を部下の目にさらすようにした。

このときほど、指揮官には演技・演出が必要ということを身にしみて感じたことはなかった。このようなことは経験しないほうがベストであるが、指揮官たる者は、常に最悪の事態を想定してその時自分はどうふるまうか、という心構えは心の奥底に秘めておきたいものだ。

日本海海戦（1905年5月27日）におけるバルチック艦隊との決戦で、東郷平八郎《とうごうへいはちろう》連合艦隊司令長官は旗艦「三笠《みかさ》」の上甲板《じょうかんぱん》に身をさらして海戦の指揮を執《と》った。東郷自身には演技という感覚はなかったと思われるが、最高指揮官自ら敵弾に身をさらし、部下と共に戦うという姿勢を示し、部下の士気を鼓舞したことは間違いない。

山本五十六《やまもといそろく》連合艦隊司令長官が、ラバウルの前線基地を視察し、第二種軍装（夏服）で出撃する搭乗員を見送った写真が残っている。酷暑のラバウル基地で詰襟《つめえり》の白い軍服を着た山本長官の姿はダントツに目立ち、最前線の将兵を感動させたことは間違いない。最高指揮官にはこのような演出も必要なのだ。

部下の受けをねらった演技・演出は醜態《しゅうたい》であるが、究極の場における真の意味での演技・演出は部下に安心感を与え、団結を促し、士気を高揚させる指揮官に不可欠の資質といえよう。

敗戦後遺症の残滓《ざんし》

昭和20（1945）年8月15日の敗戦からすでに75年、わが国は軍事に関しては未だに敗戦後遺症を引きずっている。敗戦を終戦、占領軍を進駐軍と言い換えて戦後が始まり、昭和25年の朝鮮戦争勃発を契機に「警察予備隊」が発足した。昭和29年に「自衛隊」と名称を変えたが、事実上の軍隊であるにもかかわらず、国家は今日に至るも自衛隊を正統な軍隊として認知していない。

歩兵科を普通科、砲兵科を特科、工兵科を施設科と言い換え、注釈を加えなければ理解できない自衛隊用語は数えきれないほどあり、日本人の軍事知識の理解を困難にする元凶となっている。冒頭で書いたように、コマンドを「指図する」と政治用語に翻訳して恬《てん》として恥じるところがないのがわが国の現状である。わが国の常識は国際社会の非常識という典型例である。

ジャーナリストの池上彰《いけがみあきら》氏が2011年にアフリカのジブチにある自衛隊の活動拠点を取材したとき、海賊船への警告アナウンスを「This is Japan Navy」と英文で準備していることに驚いたと書いている。

　自衛隊員に聞くと、「海賊にセルフ・ディフェンス・フォース（自衛隊）と言っても理解できませんから」とのこと。それはまあ、そうでしょう。要するに、言葉をどう換えても、本質的に自衛隊は軍隊と変わらないのです。

（池上彰著『世界から戦争がなくならない本当の理由』）

筆者にも似たような経験がある。富士《ふじ》学校総合研究開発部でポスト90式戦車の研究を担当していたとき、米陸軍兵站管理大学（ＡＬＭＣ：アーミー・ロジスティクス・マネジメント・カレッジ）に3カ月間留学する機会に恵まれた。当時は30代後半の2等陸佐だった。

兵站管理大学は、東海岸バージニア州の州都リッチモンド南方40キロのピータースバーグに所在する。駐屯地はフォート・リーで、南北戦争当時の南軍司令官ロバート・E・リー将軍に由来している。付近一帯は南北戦争の古戦場だった。

1984年10月9日、ALMCに出頭して学校本部で着校の申告をした。申告後最初に案内されたのが、身分証明書を作成する事務所である。事務所の作成担当者は下士官だった。

「ジャパン・グラウンド・セルフディフェンス・フォース」

「何？　アーミーか？」

「イエス」

という次第で、IDカードには写真のように日本陸軍（JAPAN ARMY）、中佐（LTC）と記されていた。米陸軍の一般軍人には、陸上自衛隊を直訳したJapan Ground Self-Defense Forceという英語もどきの表現は通じない。堂々とJapan Armyといえばよいのだ。

敗戦後に「軍」や「兵」という言葉を嫌悪する国民感情に配慮したことはある程度理解

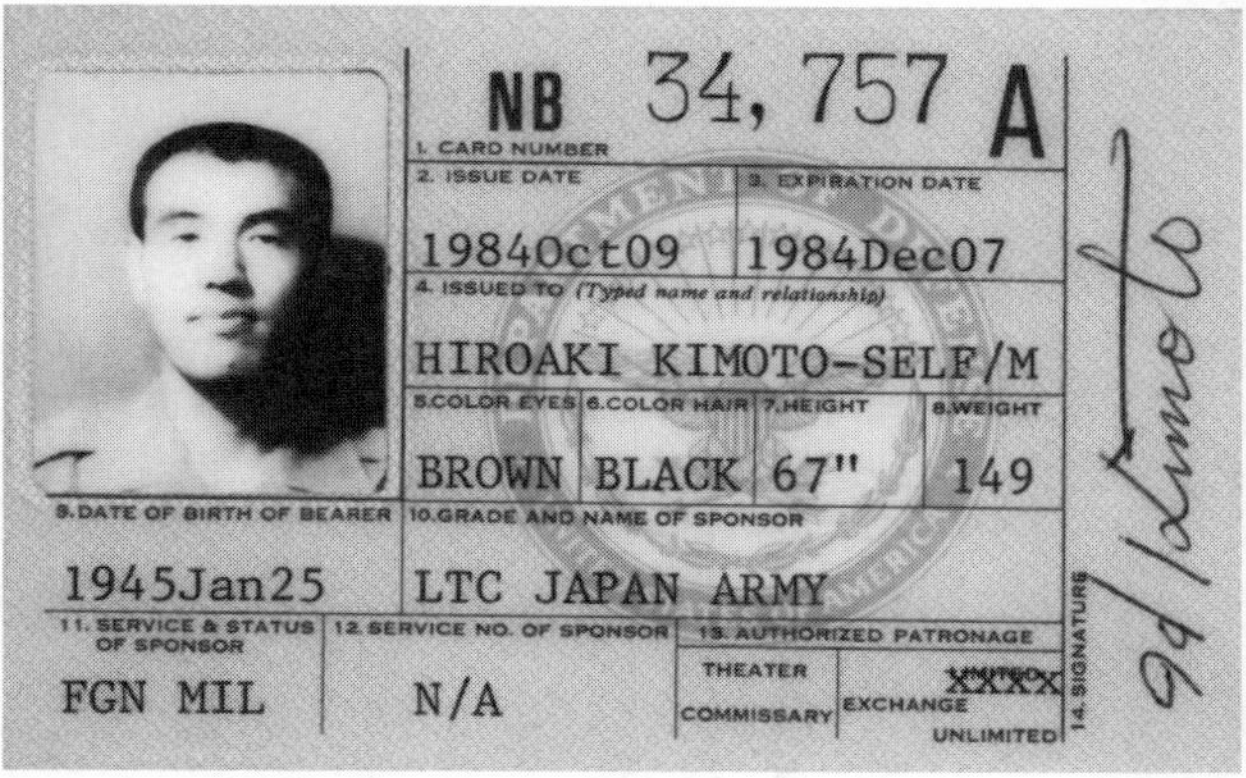

筆者が留学中に使用した米陸軍の ID カード。

できるが、言葉を換えたからといって本質が変わるわけではなく、逆に本質をゆがめることになる。状況の変化にもかかわらない前例踏襲《とうしゅう》という自縄《じじょう》自縛《じばく》ならびに思考停止から脱して、名実相伴った用語に訂正してもらいたいと切に思う。これは政治案件ではなく、当局の決断があれば解決できる問題と思っている。

コマンダーとリーダー

本書では指揮官、コマンダー、リーダー、マネジャー、経営者、幹部など各種用語を状況に応じて使用しているが、これらに共通するのは、いずれも少なくとも1人以上の部下を持ち、部下を動かして仕事をする人たちである。

米陸軍では中隊長以上の指揮官をコマンダーと

いい、小隊長以下班長、分隊長、組長などをリーダーという。ちなみに中隊長はCompany Commander《カンパニー・コマンダー》、小隊長はPlatoon Leader《プラトーン・リーダー》と呼称する。

コマンダーとリーダーの違いは、公的な権限――指揮権、管理権、人事権、予算の決裁権など――を付与されているか否かの差である。陸上自衛隊では中隊長も小隊長も班長も一律に「長」をつけるが、米陸軍ではコマンダーとリーダーを明確に区分している。

では、小隊長以下のリーダーには指揮権はないのか?

Lieutenant《ルーテナント》（中尉・少尉）は、平素、Company Grade Officer《カンパニー・グレード・オフィサー》（中隊付将校）として配置され、中隊長のスタッフ、手足として勤務する。訓練や戦闘配置の場合、小隊のリーダーとして中隊長の指揮権の一部を委任されて小隊・隊員を指揮する。

陸上自衛隊も同様で、2、3尉は中隊付幹部として中隊に配置され、平素は訓練係幹部、武器係幹部などとして中隊業務の一部を担当し、いわば中隊長の幕僚的な立場で中隊長を補佐し、出動時には編成表により小隊長として小隊を指揮する。

つまり小隊長以下のリーダーは、中隊長の公的な指揮権の一部を委任されて、小隊、班、分隊、組を一時的に指揮するのであり、中隊長のような公的な権限が常時付与されているわけではない。

米軍は兵種により中隊の呼称が異なる。歩兵中隊はカンパニー（Company）、戦車中隊はトゥループ（Troop）、砲兵中隊はバッテリー（Battery）と称する。さらに歩兵大隊はバタリアン（Battalion）、戦車大隊はスコードロン（Squadron）という。かつての騎兵隊を母体とする戦車部隊、偵察部隊、航空部隊などはスコードロンやトゥループを伝統的に使用している。

翻訳の問題だが、テレビニュースや新聞記事で「ゲリラを指揮する司令官」、「大隊司令官」などの表現をよく見かける。「Commander《コマンダー》」を機械的に「司令官」と翻訳していると推測するが、正しくはゲリラ隊長またはゲリラ部隊指揮官、大隊長とすべきで、校正担当者の覚醒を促したい。ちなみに司令官とは将官の指揮官のことをいう。

自衛隊の「幹部」をなぜ士官の階級に限定するのか？

『広辞苑』（第四版）は「幹部」を「組織・活動の中心となる者」と定義し、「幹部候補生」を次のように定義している。

・現役兵で、一定の資格を有し、予備役の将校または下士官となることを志願する者の

うち、選考に合格した者
・幹部自衛官（三等陸尉、三等海尉、三等空尉以上の自衛官）となすべき者
・会社など組織・団体で、将来幹部として活躍を期待される者

『広辞苑』の定義は今日のわが国の認識を表すもので、1番目は旧軍の幹部候補生を、2番目は自衛隊の幹部候補生を、3番目は企業・団体などの幹部候補生を対象としている。筆者が問題であると考えるのは2番目の「幹部自衛官（三等陸尉、三等海尉、三等空尉以上の自衛官）となすべき者」という表現である。

このことは防衛省の公式な定義と一致しているが、旧軍、警察、外国の軍隊などに照らし合わせると、異質であり、不自然である。

旧陸軍の幹部候補生は、将校となる者を甲種幹部候補生、下士官となる者を乙種幹部候補生と称した。旧軍の軍隊教育令に「下士官候補者教育の目的ハ幹部タルベキ性格徳操ヲ涵養」すると明示されている。

わが国の警察では巡査部長以上を幹部と称し、巡査部長を初級幹部、警部補を中級幹部、警部以上を上級幹部としている。米国警察の相当階級では、巡査部長をSergeant《サージェント》、

警部補はLieutenant、警部はCaptain《キャプテン》である。

米陸軍ではCaptainは大尉、Lieutenantは少尉・中尉、Sergeantは下士官である。少尉以上の士官はCommissioned Officers《コミッションド・オフィサー》、下士官はNon-commissioned Officersと呼ばれ、いずれもOfficerとの位置づけである。

ナポレオンは、フランス革命後の混乱した時期に大胆な召集を行ない、**「国に軍事組織の中核をなす幹部（cadres《キャドレ》）が存在しなければ、軍隊の編成はきわめて困難である」**（書簡集）と言っている。「cadres」はフランス語で軍事組織の中核をなす幹部すなわち将校と下士官をひとくくりにする総称である。

筆者は、自衛隊（防衛省）は幹部自衛官の対象を下士官（曹の階級）にまで拡大、すなわち国際的な標準・常識に合致すべきと考える。下士官を幹部として認知し、小部隊リーダーにふさわしい教育訓練をほどこすことにより、彼らは自衛隊の精強化により一層貢献できると考えるからだ。

第2章

指揮の実行（状況判断―決断）

指揮官の決心は実に統帥の根源なり。決心は作戦または会戦の指導に関する確乎たる信念に立脚し、純一鮮明にして、一点の混濁暗影を含まず、しかも戦機に投ぜざるべからず。

陸軍大学校編纂『統帥綱領』講義資料／『統帥参考』

2-1 指揮官の責務

——指揮官は責任、権限、説明・報告の義務を等しく負う——

三面等価の原則

20年近く前になるが、マネジメントの参考資料の中で「三面等価の原則」とタイトルを付した三角形の図が目に付き、三角形の各辺に「責任」、「権限」、「義務」と日本語で記入されていた。組織の管理者、組織のメンバー一人ひとり、あるいは仕事の遂行には責任・権限・義務が等しくつきまとうとの趣旨であった。

責任と権限に関してはすんなりと理解できたが、義務の意味が腑《ふ》に落ちなかった。義務とは目標を達成するためのプロセスまたはアクション、義務は権限を駆使して責任を果たすこと、などと説明されていた。マネジメントという概念はアメリカが発生の地であり、義務に相当する英語を探しているうちに、アカウンタビリティ（accountability）にたどり着いた。

研究社版『新英和大辞典』によると、「accountableとは、説明［弁明］する義務がある、説明できる」との意味で、「義務」の意味は「説明・報告の義務」と自分なりに納得した。アカウンタビリティは、不祥事や問題が発生したときによく使用される「説明責任」を思い浮かべる方も多いと思うが、実は、仕事を風通しよく進めるために欠くことのできない要素である。

三面等価の原則

権限を移譲しても三面等価の原則は変わらない。

上の図の意味は、管理者（マネジャー）が、あるポストについた場合、またはある仕事を与えられた場合、その職責・仕事を完全に成し遂げる責任があり、職責・仕事に応じた権限が付与され、同時に、仕事の実行状況を組織の上・下・左・右あるいは組織外の関係者に説明・報告する義務がある、というものである。

上級者が部下に任務を付与することの意味は、上級者が持っている権限の一部を部下に委任し、縮小した三角形を与えること。任務をもらった部下には三角形の大きさに応じた責任、権限、説明・報告の義務が等しくつきまとう。権限は公的な権限だけではなく自主裁量の余地まで含まれる。上級者は部下に責任、権限、報告・説明の義務があることを反復教育し、その確実な実行を求めなければならない。

日常業務などで、要求されないと報告しないという例——いわゆる待ち受けの態勢——が散見され、軍隊、団体、企業などでも例外ではなく、このことはアカウンタビリティが徹底されていない（定着していない）ことの証左《しょうさ》である。組織に所属している以上、トップから末端まで「三面等価の原則」はつきもので、これが徹底されないのは、上に立つ者の教えざるの罪である。

アカウンタビリティが定着しない理由の1つとして、今日のわが国には「お上《かみ》意識」が残っており、「由《よ》らしむべし知らしむべからず」という国民一般はお上の政策に盲目的に従えばよいという意識の残滓がある。国民大衆の側も無意識にこれを受容しているといった面も否定できない。中国共産党の統治方式はこの典型例である。

軍隊でも三面等価の原則は同じである

筆者は三面等価の原則と同様の表現を米陸軍の野外教令『ストライカー旅団戦闘チー

ム』に見出し、前章で述べたように、軍事理論がマネジメント理論と同根であることをあらためて確認した。

旅団長はストライカー旅団戦闘チーム（SBCT）およびその行動に関して全体的な責任（responsibility）ならびに報告・説明義務（accountability）を負う。これには利用可能なすべての資源（人、物、金、情報、技術など）を有効に活用して、与えられた任務を達成するために計画し、組織し、調整し、指揮下の全部隊を統制する権限（authority）と責任が含まれる。

（FM3-21.31『The Stryker Brigade Combat Team』）

部隊を指揮する要訣《ようけつ》は「掌握《しょうあく》」、「企図《きと》の明示」、「命令・号令で動かす」の3点セットといわれている。これらはすべてアカウンタビリティの範疇《はんちゅう》である。「掌握」には指揮下部隊・指揮官からの報告が不可欠であり、「企図の明示」および「命令・号令で動かす」は指揮官の意思を明らかにする（説明する）ことである。

指揮の要訣は戦闘時の心得であるが、平時の業務遂行でもこれを意識して実行すると、おのずから三面等価の原則を実行していることに通じる。

2-2 指揮官の決断
――状況判断プロセスは問題解決法――

アートをサイエンスへ変換

決断するのは指揮官だけで、それゆえに決断は指揮官の人格と不離一体《ふりいったい》の行為であり、アート（暗黙知）であるといっても過言ではない。古今東西すべての指揮官は決断の決め手となる「敵情」、「友軍の状態」、「戦場の地形・気象」などを深刻に考察したことは間違いないが、19世紀の軍人アントワーヌ・アンリ・ジョミニはこの**決断というアートをサイエンスへと変換**しようと試みた最初の人物である。

ジョミニは、戦争にはこれを成功に導くための原理が必ず存在し、これに基づく原則を明らかにすることができるとの確信のもとに、ナポレオン戦争を徹底して研究して兵学理論の確立につとめた。その集大成が1838年にパリで公刊された『戦争概論』（Précis de l'art de la guerre) 2巻本である。

私はつぎのことを確信している。将軍が軍の指揮統率に不適格でないかぎり、敵は何ができるか〈敵の可能行動〉という仮説を複数考察し、それぞれの仮説に対する実行策〈わが行動方針〉を講じることにより、過去しばしば起きたような、予期せざる事態の発生による作戦のとん挫を避けることができる、と。

（ジョミニ著『The Art of War（邦訳・戦争概論）』）

アメリカの南北戦争は1861年から65年まで続いた国内戦である。南軍・北軍の司令官・指揮官たちは、ジョミニが著述した最新の軍事理論を学び、戦場で応用し、ジョミニ理論の有効性を確信した。ジョミニの『戦争概論』はやがて米陸軍野外教令『オペレーションズ』へと進化し、今日の米陸軍の**「状況判断プロセス」（MDMP：ミリタリー・ディシジョンメイキング・プロセス）**および陸自の「作戦見積の思考過程」へとつながっている。

サイモンの意思決定理論

ノーベル経済学賞受賞者のハーバート・A・サイモンは、軍隊の「状況判断」や「情報活動」なども参考にして意思決定理論を組み立て、軍隊もまたサイモン理論の研究成果を積極的に採用した。欧米では、軍隊に蓄積されている様々な英知がマネジメント理論や企業経営などに積極的に活かされ、広く社会一般に受容されている。

我々は意思決定のため、むしろ一般化された処理手続をつくり出すことさえできるのである。軍隊の「状況判断（Estimate of the Situation）」――軍事的な決定問題を分析するに際し考慮すべき事柄のチェックリスト――は、そのような処理手続の一例である。

（ハーバート・A・サイモン著『意思決定の科学』）

意思決定は暗黙知に属するアートの分野とみなされていたが、サイモンは、意思決定を適当な思考訓練によって改善できる、すなわちプログラム化できると考えた。米陸軍の状況判断プロセス（MDMP）は意思決定のプログラム化で、教育訓練を受ければ誰でも参

状況判断プロセス
The Military Decision-making Process

任務の受領

ステップ 1
- ●上級司令部から計画、命令、又は新しい任務として示される。
- ●時間配分の決定（指揮官・幕僚1／3、指揮下部隊2／3）
- ●指揮官の当初の指針

任務分析（METT-TC）

ステップ 2
- ●状況、問題を理解し、だれが、なにを、いつ、どこで、なぜを確定する。**（5Wの確定）**
- ●情報要求を明らかにし、計画策定の指針、準備命令の発出

行動方針の案出

ステップ 3
- ●複数の行動方針を列挙する。この際、指揮官の直接関与が望ましい。**（1Hの案出）**
- ●各行動方針のブリーフィングを実施。最新の情報見積、敵の可能行動などが含まれる。

ウォー・ゲームの実施

ステップ 4
- ●副旅団長（XO）が主催し、情報幕僚が敵の指揮官、作戦幕僚が機動部隊指揮官となり、ウォー・ゲーム（図上、シミュレーション、指揮所演習）を行なう。

行動方針の比較

ステップ 5
- ●各行動方針の長所、短所を明らかにし、比較要因（簡明、機動、火力、民事など）のマトリックスを設定する。
- ●XOが指揮官に推薦すべき最良の行動方針を決定する。

行動方針の承認

ステップ 6
- ●指揮官が任務達成に最良と判断する行動方針を承認する。状況により推薦案の一部修正、またはやり直しもある。**（1Hの確定）**
- ●指揮官の企図を最新化し、情報要求（CCIR、EEFI）を確定する。

計画・命令の作成

ステップ 7
- ●指揮官が決断した行動方針、企図、情報要求に基づいて各幕僚が計画、命令を作成する。

拙著『戦術の本質』（サイエンス・アイ新書）でMDMPの細部を説明しているので、参考にされたい。

加することができる。つまり、アートといわれた意思決定をサイエンスに昇華《しょうか》させたもので、問題解決法として利用できる汎用的な手法となっている。

米陸軍の状況判断プロセス（MDMP）

決断をゆがめる最たるものはリーダーの独善、教条主義、私利私欲、空気に流されるといった論理を超えた行為である。米陸軍が状況判断プロセスを形式知化して教育訓練を受ければ誰でも参加できるようにしたことは、決断の過程がより透明になり、最初に結論ありき、客観性無視やデータ無視といったトップの暴走や恣意《しい》的判断を阻止することを可能にしたといえる。

状況判断プロセスは状況および任務を理解し、行動方針を案出し、そして作戦計画または作戦命令を策定するための反復型計画手法である。リーダーは、状況判断プロセスに参加することによって、完全性、明確性、判断の健全性、論理性、専門知識といったことがらを、状況の理解、問題解決のための選択肢の案出、そして決断への到達に適用することができる。本プロセスにより、指揮官、幕僚、およびその他は、計画策定の終始を通じて批判的かつ創造的に思索できる。

（FM6-0『Commander and Staff Organization and Operations』）

状況判断プロセスは編成上、幕僚が配置されている大隊以上の司令部・本部の幕僚活動を想定したもの。旅団を例にとると、状況判断プロセスの最重要プレイヤーは旅団長だが、本プロセスは、旅団長を補佐するキープレイヤー副旅団長の統制のもと旅団本部の全幕僚による幕僚活動が主体となる。幕僚活動はあくまで旅団長の指針（ガイドライン）とタイムラインに沿って行なう。ポイントは次のステップだ。

ステップ２「任務分析」は状況判断プロセスのなかで最も重要なステップである。なぜならば、旅団長・幕僚は、当面の状況および問題を理解し、旅団（Who）が、達成すべきこと（What）を、いつ（When）、どこで（Where）実行するか、そして最も重要な作戦の目的（Why）を確定するからだ。これが当初の（正式決定以前の）旅団長の企図および作戦計画作成の指針となる。

ステップ３「行動方針の案出」はステップ２で確定した作戦の目的をいかにして達成するか（How）を考察し、実行可能な複数の行動方針を案出する。行動方針は問題を解決するための具体的な手段・方法である。各行動方針は①任務の達成が可能、②費用対効果のバランス、③指揮官の企図および計画作成の指針に適合、④他の案と区別できる特色、⑤作戦全般に完全に適用可能、といった要件を備えていなければならない。

ステップ4「ウォー・ゲームの実施」はわが行動方針と敵の可能行動を組み合わせた模擬戦闘で、各幕僚が敵（赤）と味方（青）に分かれて行なう。ウォー・ゲームでは、レッド・チームをひきいる情報幕僚（S—2）が赤部隊になりきって赤部隊のドクトリン、戦術・戦法にのっとって赤部隊を運用する。本ステップでは、作戦および情報幕僚だけではなく通信、広報、民事、法務、オペレーションズ・リサーチ（OR）の担当者が参加し、分析の内容が広くかつ深くなるという特性がある。

ステップ6「行動方針の承認」は、副旅団長が最良と判断した案を旅団長に報告し、旅団長が同意すれば案ではなく旅団の行動方針が旅団長の企図となる。この意味において、本ステップは旅団の向かうべき方向が決定する結節点といえる。ステップ6における幕僚長の報告案を承認する会議などは単なるセレモニーではないということを明確にしておきたい。報告案は無条件で承認されるわけではなく、部分修正もあれば、状況によっては全面的なやり直しもある。

状況判断プロセス（MDMP）のバリエーション

米陸軍は、各種学校の課程教育で状況判断の基礎的事項を教育し、司令部・部隊本部で練成し、教育を受けた誰もが状況判断プロセスに習熟できるようにしている。つまり、米陸軍幹部（将校・下士官）は指揮官・リーダーあるいは幕僚に配置された場合、いつでもMDMPに参加できるということ。

作戦・戦闘は、戦場という土俵の上で、おたがいに自由意志を持った部隊同士が、相手の打倒をめざして死にものぐるいで戦うのが実態である。戦いは錯誤の連続といわれるように状況の急激な変化は避けがたい。状況の急変に迅速に対応できるか否かは作戦・戦闘の最終結果に決定的に影響する。

周到な準備をして臨んだ作戦も、敵の動向、不測事態の発生、上級司令部による任務の変更などにより、新たな状況判断が必要になる。むしろ、このようなことが常態であろう。米陸軍はこのような事態を想定して**「迅速な状況判断および同時進行プロセス」**（**RDSP：ラピッド・ディシジョンメイキング・アンド・シンクロナイゼーション・プロセス**）を教令に明記している。

時間に余裕のない場合における計画の策定・命令の発出を効果的に行なうためには、指揮官・幕僚がMDMPを完全にマスターしていることが前提となり、彼らが各ステップの内容を理解し、それぞれの役割を完璧にこなせるようになってはじめて、状況判断プロセスを短縮して効果的な計画・命令を作成できる。

MDMPはベストの解決策を要求するが、RDSPは指揮官の企図、任務、コンセプトの範囲内でタイムリーかつ有効な解決策を求め、一連のプロセスを丁寧に踏むことよりも迅速さを重視する。

各ステップの大部分は文章を紙に記述することより頭の中で行なう。RDSPは、指揮官・リーダーの戦術状況を理解する経験と直観力に負うところが大で、指揮官・リーダーの資質が試される場面でもある。

一方、幕僚の配置がない中隊以下ではどのように状況判断するのか？

中隊以下では指揮手順として状況判断のステップを踏む。(例えば攻撃の場合) 大隊命令を受けて、集結地や攻撃発起位置への移動、斥候《せっこう》の派遣などによる偵察の実施など、部隊の実行動と連携しながら中隊攻撃計画を作成し、攻撃命令を下達する。

この一連の動きが**「小部隊指揮手順」(TLP：トゥループ・リーディング・プロシージャ)**で、中隊以下の小部隊を対象とする問題解決法であり8ステップから成る。

ステップ1　任務の受領
ステップ2　攻撃準備命令の下達
ステップ3　暫定計画の作成
ステップ4　当初の移動——集結地または攻撃発起位置へ
ステップ5　現地偵察の実施
ステップ6　攻撃計画の完成
ステップ7　攻撃命令の下達
ステップ8　実行の監督および修正

ステップ1〜2が「任務分析」、ステップ3〜6が「計画作成」で、全体的にはMDMPと同様の段階を踏んでいる。TLPでは任務分析を記憶しやすく簡略化した**METT-TC**（※次項で説明）の6要素で行なうことを強調している。

すでに述べたように、任務分析は状況判断プロセスのなかで最も重要なステップであり、5W1Hのうち5W（誰が、何を、いつ、どこで、何のために）が確定する。すなわち中隊は、目標を奪取するために、いつ、どこで、攻撃するかを任務分析で確定し、中隊長に任されている攻撃要領を計画作成の段階で決める。

例えば、中隊長は大隊長から「○中隊は、○月○日○時に攻撃開始、前進軸A沿いに攻撃して○高地を奪取、敵部隊を撃滅して同高地を占領せよ」との任務が与えられる。**中隊長は「METT-TC」の6要素で任務分析を行なって5Wを確定する。**このステップは大隊準備命令発出の段階から並行作業として行ない、命令受領時には概成しているというのが一般的である。

中隊長が決定しなければならないことは、1Hの具体的な攻撃要領――小隊を並列して攻撃、重畳《ちょうじょう》配置して攻撃、配属戦車の先導により攻撃など――である。6要素による詳細な分析がこの決定に生きてくる。

軍の役割が平和維持から核戦争に至るまで拡大されると、大隊長以上の上級指揮官のみならず、中隊長から小隊長、班長、分隊長、組長にいたるまでの小部隊指揮官・リーダーの状況判断が不可欠となる。

このために小部隊指揮官・リーダーはTLP（小部隊指揮手順）をマスターし、自ら状況判断し、決断し、自主積極的に任務を遂行しなければならない。このためには分隊長など

METT-TCの概要

M mission **任務の分析**	● 2段階上位指揮官の意図を完全に理解 ● 必ず達成しなければならない目標は? ● 達成することが望ましい目標は?
E enemy **敵の分析**	● 上位部隊から与えられた「敵状況図」を活用 ● 1段階下位のレベルまで細部を考察 (敵が機械化小隊であれば各車両の配置・行動など)
T terrain & weather **地形・気象の分析**	**O** bservation & field of fire … **視界・射界** **A** venues of approach … **接近径路** **K** ey terrain … **緊要地形** **O** bstacles … **障害** **C** over & concealment … **掩蔽・隠蔽** **気象** … **視程・風・降雨量・雲量・温度/湿度**
T troops & support available **友軍および受けられる支援の可能性の分析**	● 自隊の能力を現実かつ冷静に分析 ● 兵員の士気、経験、練度などの強み・弱みを考察 ● 支援可能な全部隊、今後の見込みなどを考察 (間接支援火力ー砲兵、迫撃砲の量、種類など)
T time available **タイムラインの設定**	● 3分の1・3分の2ルールの厳守
C civil considerations **民事考慮事項の分析**	**A** reas … **重要民間地域** **S** tructures … **発電所、病院などの施設** **C** apabilities … **資源・サービスの提供受け** **O** rganization … **NGOなど非軍事組織、施設** **P** eople … **作戦地域の住民** **E** vents … **伝統行事、祭事**

出典:FM5-0『THE OPERATIONS PROCESS』など

下士官も、状況判断のバックグラウンドとして、コンバインド・アームズ（諸兵科連合）戦術の基礎を習得していることが前提となる。

科学的根拠——確率・統計の応用

状況判断プロセスのステップ3で行動方針を案出する。米陸軍は攻撃・防御などの戦術行動を選択するとき、確率・統計を応用した戦史データに基づく相対戦闘力の評価を確実に実施する。今日の米軍は「攻撃第一主義」や「精神主義」といったドグマとは無縁の組織で、彼らはあくまで勝てる条件をきちんと積み上げて、すなわち科学的根拠に基づいて攻防などの行動方針を決定する。

敵と我の相対戦闘力を正しく認識することは、戦闘に勝利するための基本であることはいうまでもない。日本陸軍が精神要素を過度に偏重《へんちょう》した攻撃第一主義により無用な犠牲を積み重ねたことは、ノモンハン事件から太平洋戦争に至るまでの歴史が証明している。相対戦闘力を至当に評価するという科学的な思考を欠いたからだ。

攻撃3倍という一般原則は全体的な相対戦闘力のことをいう。「師団の突破正面の相対戦闘力は敵の9倍——第一線大隊では18倍——、助攻撃部隊には3倍の相対戦闘力を充当する」と野外教令（FM3-90 TACTICS）が一例を提示している。米軍でも突破正面に徹底して戦闘力を集中しなければ勝てないのだ。

また、「防者が3倍の戦力を有する攻者を撃破できる可能性は50パーセント以上」という記述もある。つまり攻者の3分の1の戦力があれば防御が成立し、50パーセント以上ということは、防者が一方的に撃破されることはなく、少なくとも敵の攻撃を破砕できる可能性がある、ということ。

攻者は敵の3倍以上の戦闘力を徹底的に集中し、防者はあらゆる手段を講じて敵の3分の1以上の戦闘力を確保しようとする。攻防のせめぎあいは、本来、蓄積された膨大な戦史データを根拠として科学的に評価すべきものである。陸自でも状況判断の中でOR（オペレーションズ・リサーチ）

戦史から見た攻撃・防御の最小戦力比

我が任務	態様	我：敵
遅滞行動 Delay		1：6
防御 Defend	周到な準備による陣地防御 Prepared or fortified	1：3
防御 Defend	応急的な防御 Hasty	1：2.5
攻撃 Attack	（敵）周到な準備による陣地防御	3：1
攻撃 Attack	（敵）応急的な防御	2.5：1
逆襲 Counterattack	敵の側面に対して Flank	1：1

出典：FM6-0『Commander and Staff Organization and Operations』

を活用している。

「確率は、人間が行動を決める上の大切な基準の1つとして、数学で教えるよりも先に、まず倫理学や社会科で取り上げるべき題材」と『物理の散歩道』の著者ロゲルギストが指摘している。

筆者のMETTとの出会い

ここで、筆者とMETT《メッツ》の出会いを紹介しておきたい。昭和40年代半ば頃、陸上自衛隊富士《ふじ》学校機甲《きこう》科部「幹部初級課程（BOC）」で戦車小隊長教育を受けたとき、教範『戦車中隊』（昭和36年制定）でMETTと出会ったのが最初だった。教範らしからぬ斬新な記述で強く印象に残っている。

戦車小隊長として行動中に判断を要する状況に遭遇したとき、「オレの任務は何だ?」、「敵情は?」、「味方の状況は?」、「地形・気象は?」を頭のなかですばやく分析して、「どうすればよいか（行動方針）」を考察し、「オレの小隊は○○をする」と決断して命令・号令で小隊を動かせ、と教官から反復強調された。

状況判断の思考過程を十分に咀嚼《そしやく》しているレベルではなかったが、筆者は、何かあるたびに「メッツ、メッツ」と呪文のように唱えて、筆者なりの任務分析を習慣付け、それは今日まで続いている。筆者にとってＭＥＴＴは意思決定の原点であり、それほどのインパクトがあった。

陸上自衛隊は、創設以来、米陸軍の『オペレーションズ』を翻訳した『作戦原則』を基準教範として使用したが、各職種部隊運用教範も翻訳であり、当時の『戦車中隊』も例外ではなかった。米陸軍戦車部隊が使用していたＭＥＴＴがそのまま教範に残っていたというのが実態と推測される。

昭和43年に『野外令』が制定され、陸自も自前の基準教範を持つようになり、各職種教範もこれに準じて改訂された。ＭＥＴＴは昭和45年改訂版『戦車中隊』から消えて『機甲科運用』に記述されたが、その後の改訂で削除され、今日ではあらゆる教範から完全に消失してしまった。

米陸軍でも初期の頃は戦車部隊だけが使っていたのかもしれない。その後米陸軍の機械化・機甲化が進み、軍事情勢の変化に対応して、ＭＥＴＴもＴ（タイム・アベイラブル）、さらにはＣ（シビル・コンシダーレーションズ）がプラスされて、今日では全軍共通の任務分析の基本的ツールとして重宝されている。

パービス中佐のグループは、それぞれが中隊付将校のころから学びそして実践してきたMETT-Tの諸要素を適用しながら、任務分析に必要なデータをおよそ一週間かけて収集した。「任務の分析」、「敵の分析」、「気象・地形の分析」、「友軍および輸送支援の可能性の分析」、および「タイムラインの設定」のあらゆる範囲のデータは、ある部分にはより精密な推測を加えて、計画策定に実際上不可欠であった。

（米陸軍公刊戦史『Certain Victory The U.S. Army in the Gulf War』）

パービス中佐のグループとは湾岸戦争で「砂漠の嵐作戦」を策定した作戦幕僚であり、彼らのことを第4章で記述するので参照されたい。当時はMETT-Tであったが、軍団のさらに上位のレベルでも任務分析のツールとして使用されていた。

若干補足すると、湾岸戦争時の米陸軍のドクトリンは「エアランド・バトル」（第4章参照）であったが、その後ドクトリンが「フルスペクトラム・オペレーションズ」（対テロを強調したドクトリン）へと変更され、任務分析ツールはC（民事考慮事項）が加わって今日に至っている。

今日の米陸軍は、軍団長から一兵士に至るまで、あらゆる分野で何かを判断するときにはMETT‐TCに基づいて任務分析を行なえと推奨《すいしょう》している。中隊長以下の小部隊指揮官・リーダーの任務分析ツールであったMETTは、今やその有効性が広く認められ、まさに全陸軍のあらゆる場面で重宝されている。

2‐3 「3分の1」ルール

——部下部隊に準備のための時間を与えよ——

時間は無限ではなく、時間管理が重要

作戦・戦闘などでは、司令部・本部が指揮官の意思決定に基づいて全体計画を策定し、この大枠に沿って命令を発出して指揮下部隊に実行させ、作戦・戦闘の目標を達成することが一般的である。この際、完璧な計画が策定できれば理想的といえるが、対象とする相手（敵）があり情勢が浮動する場合は、真に必要な各種情報資料を完全に集めることは現実には不可能である。

3分の1ルール：旅団の一例

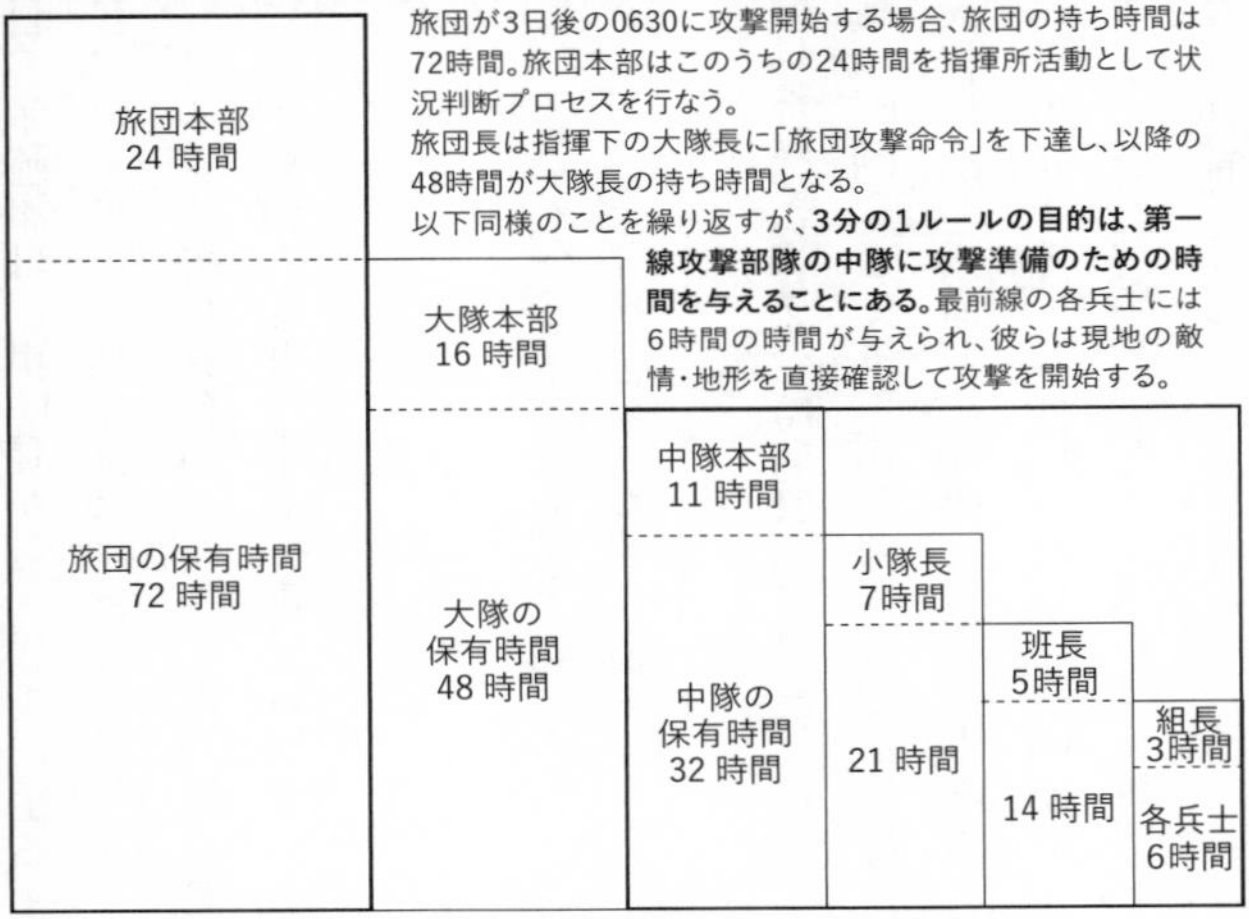

旅団が3日後の0630に攻撃開始する場合、旅団の持ち時間は72時間。旅団本部はこのうちの24時間を指揮所活動として状況判断プロセスを行なう。
旅団長は指揮下の大隊長に「旅団攻撃命令」を下達し、以降の48時間が大隊長の持ち時間となる。
以下同様のことを繰り返すが、**3分の1ルールの目的は、第一線攻撃部隊の中隊に攻撃準備のための時間を与えることにある。**最前線の各兵士には6時間の時間が与えられ、彼らは現地の敵情・地形を直接確認して攻撃を開始する。

作戦・戦闘は自由意志を持つ者同士の主導権の争奪戦である。

勝利するためには、敵に先んじて意思決定し、敵にわが意思を押し付け、敵をして受動の立場に立たせることが理想的である。上級司令部がいかに完璧な計画を策定しても、それを実行する指揮下の部隊が準備不足であれば、作戦・戦闘の順調な進展は期し難《がた》いというのが現実だ。

当然ながら時間は無限ではなく、また敵情不明という戦場の霧《きり》が常時存在し、限りある時間の中でいかに意思決定し、同時に部下部隊に準備の時間を与えるかがきわめて重要。「巧遅拙速《こうちせっそく》」という言葉もあるが、軍事行動ではタイミング（戦機）を重視し、計画の完全性と実行部隊の準備を比較した場合には後者を優先する。

米陸軍に「3分の1」ルールという厳格な規定がある。指揮官は、状況判断プロセスの指揮所活動において、幕僚に計画策定の時間を明示して厳守させるというルールだ。つまり、**上級司令部は全体時間の3分の1で計画策定を終わり、残りの3分の2が指揮下部隊の持ち時間ということ。**

意思決定では拙速を避ける——適切な判断をタイミングよくおこなうこと。
意思決定においては、時間管理が大切な役割を果たす。戦場での任務を与えられたとき、指揮官が最初に考えるのが「実行開始まで、どれだけの時間があるのか」だ。その3分の1を分析と意思決定に使う。残る3分の2は、部下が分析や計画策定に使う時間だ。

（コリン・パウエル著『リーダーを目指す人の心得』）

「3分の1」ルールは米陸軍の文化であり、マニュアルに明記し、リーダーに厳格な遵《じゅん》守《しゅ》を求めている。このルールは単に教育訓練上の規定ではなく、湾岸戦争という実戦の場においても厳守されていた。

サウジアラビアのリヤドに置かれていた米中央軍司令部は、1990年9月下旬頃「砂漠の嵐作戦」の計画策定を開始し、11月14日にシュワルツコフ大将が中央軍司令部で各軍団長に「対イラク作戦の概要」を示達《じたつ》した。この日以降、各軍団は翌年2月24日の攻撃開始に向かってそれぞれの準備に邁進《まいしん》した。

米中央軍を核心とする多国籍軍の攻勢のための全体時間を約5カ月とすると、中央軍司令部が計画策定のための指揮所活動に使用した時間が約1・5カ月、攻撃に任ずる各軍団などが攻勢準備に専念した時間が約3・5カ月となり、米陸軍の「3分の1」ルールがみごとに遵守されていた。

陸自には「3分の1」ルールがない

筆者が米陸軍の「3分の1」ルールという時間管理を承知したのは、陸上自衛隊を退官したあとだった。米陸軍のフィールド・マニュアル（野外教令）の中に「3分の1」ルールを発見したとき「これを現役時代に知っていたならば……」と大いに悔やんだ。

検閲を受けるために整列した第71戦車連隊の90式戦車。

陸上自衛隊はまじめな組織で、レベルの高い訓練を行なっていることは間違いないが、創隊以来実戦の経験がなく、これは国家国民にとって幸せなことであるが、「実戦感覚」が欠けていることは本質的な問題である。

筆者が初級幹部だった頃には旧軍の戦争経験者が健在で、「さすが実戦経験者」と思わせるような指導を受け、納得すると同時に感銘《かんめい》を受けたものだ。しかし、歳月の経過とともに戦争経験者が去って世代交代が進み、訓練内容もいつしかパターン化し、それが当たり前になった。

年間の隊務スケジュールで最も重要な行事が訓練検閲《けんえつ》の受閲であり、また指揮下部隊の訓練検閲の実施である。部隊は訓練検閲に焦点《しょうてん》を定めて訓練を積み上げる。訓練検閲の目的は部隊の練度《れんど》の評価で、講評として「優秀、概《おおむ》ね優秀」など結論を述べ、その細部を詳細に指摘して事後の訓練の資《し》とする。

筆者も現役時代に訓練検閲を何度も受け、部隊長として指揮下部隊を何度も検閲し、また上級司令部（方面隊）総合幕僚として訓練検閲の計画を立案し、実施し、講評を起案した。このように訓練検閲には数多く関係したが、残念ながら、計画および講評の中で「3分の1」ルールのような時間管理を含むことはなかった。

陸上自衛隊の訓練は、例えば戦車連隊戦闘団訓練のような規模の大きな訓練では、戦闘団本部の「指揮所活動」——状況判断プロセスの実施のイメージ——と、連隊戦闘団の全部隊（歩兵、戦車、砲兵、工兵などすべての部隊）を演習場に展開して行なう「実働」とに分けて行なうことが一般的である。

現実の戦闘では「指揮所活動」と「実働」とは不離一体で行なわれるが、わが国の演習場の狭小さの問題もあって、このような分離方式がいつの間にかパターン化し、それが当たり前として常識化したと言えよう。このような背景もあって、いつまでたっても「実戦感覚」が身につかないというのが実態なのだ。

2018年度から第7師団の第72戦車連隊戦闘団が米国のナショナル・トレーニング・

センター（NTC）の訓練に参加するようになり、「実戦感覚」を取り戻す良い機会と大いに期待したい。NTCについては第4章（4－4　崩壊状態の軍隊再生）に記述するので参照されたい。

完全主義のワナ

完全主義とはいかなることにも完全を求めて妥協しないことであり、組織の枢要《すうよう》なポストに〝完全主義者〟がいると、きわめて深刻な事態を招くことがある。どのような組織であれ、意思決定し計画・命令を発する場合には時間の制約があり、完全無欠な計画が完成しても時間に間に合わなければ無価値となる。

OBEという陸軍方言がある。「事態に置いてけぼりを食らう《Overtaken By Events》」という意味だ。役所においてOBEは重罪である。大失敗なのだ。問題を検討する、必要な人員を配置する、問題について考えるなどに時間を使いすぎると、OBEになる。事態が次の段階に進んでしまったり、自動的な意思決定がされたに等しい状況になってしまうのだ。そうなれば、なにをどう考えようが誰も気にしない。列車は駅を出発してしまったのだから。

（コリン・パウエル著『リーダーを目指す人の心得』）

パウエル元統合参謀本部議長、元国務長官がいうように、米陸軍はOBEを致命的な問題として捉《とら》え、状況判断の中に「3分の1」ルールを規定し、この遵守を求めている。陸上自衛隊はOBEを深刻に捉えていないが、（筆者の知る限りでも）平時の隊務においてこの種の問題が発生している。

「会議は踊る」あるいは「小田原評定《おだわらひょうじょう》」といった警句があるように、この対極にある「3分の1」ルールは組織の英知である。完全主義者は個人としては有能だが、野戦指揮官には不向きで、研究機関などへの配置が向いているように思われる。人には様々なタイプがあり、それぞれの特性を生かすことが重要である。「3分の1」ルールは人智を超えた組織の知恵として大いに評価したい。

2-4 作戦術（オペレーショナル・アート）

――リーダーには全体を俯瞰する視野の広さが必要――

作戦の枠組みを決める知的道具

本書は戦術レベルの指揮官（旅団長など）を主たる対象として記述しているが、ここでは敢えて上位レベルの作戦の領域に言及する。その理由は、例えば旅団長は軍団長が主宰する作戦という大きな枠の中で行動するが、戦場で直接敵と相対する旅団長が戦術的思考だけに終始すると全体が見えなくなり、軍団長の立場で作戦全体を俯瞰《ふかん》することによってはじめて与えられた任務を効果的に達成できるからである。

指揮官は「二段階上位の指揮官の立場で思考する」ことが重要である。すなわち中隊長は旅団長の立場で、旅団長は軍団長の立場で思考を巡らすことが必要という意味である。こうすることによって、全体の中に占《し》める自分の地位・役割が明確になり、与えられた任務をより積極的に遂行できるということだ。

この考え方は、軍隊だけではなくいかなる組織においても適用できる。現場のリーダーは組織全体に目を配り、事業を取り巻く環境および組織全体の方針を理解し、その中で自分はどうあるべきかに思いを巡らすことが不可欠なのだ。

今日の米軍は戦争のレベルを戦略レベル、作戦レベル、および戦術レベルの3つのモデルに区分している。この区分はそれぞれの特性を際立たせて理解を容易にするためのもので、現実には明確な線引きは困難で、各レベルは相互に関連している。

戦略レベルは、国家指導者が外交、情報、軍事、経済などの国家資源を運用して国家目標を達成するレベルである。

作戦レベルは、軍事力の戦術的運用と国家目標・軍事目標とをリンクさせる段階である。作戦レベルでは統合部隊指揮官（軍団長を含む）がオペレーショナル・アート（作戦術）を用いて、いかにして軍事目標を達成するかを決断する。

戦術レベルは、旅団戦闘チームなどの各戦術部隊が付与された目標を達成するために、戦術のアートとサイエンスを用いて計画し、準備し、実行する段階である。

作戦レベルの創造は、ナポレオン1世の功績である。戦争の中間レベルである作戦術に精通したナポレオンが、軍団を編成し実用化したことがその発端だ。作戦レベルは、19世紀の早い時期からヨーロッパでは軍事理論の一部となったが、大西洋を隔てたアメリカでは事情が異なった。米国の多くの将校はその実効性に疑問を抱き、軍事研究を伝統的な戦略および戦術以上に広げる必要性を感じなかった。

米陸軍は、第2次大戦後も戦略レベルと戦術レベルの2段階にこだわり、作戦レベルは大部隊（軍団など）の運用、すなわち戦術レベルの範疇《はんちゅう》だった。米陸軍が戦術レベルの拡大解釈では複雑多岐な作戦環境に対応できないと実感したのは、冷戦のバランスが東側に傾き、西ヨーロッパがソ連軍に蹂躙されるとの危機感を抱いたからだ。

米陸軍は、1982年版『オペレーションズ』で戦争レベルに「作戦レベル」を導入し、1986年版で「作戦術」を確定した。この作戦術の有効性が立証されたのは、5年後の湾岸戦争の「砂漠の嵐作戦」（1991年2月）だった。

米陸軍は**作戦術を構成する要素**として、「作戦終了の状況および条件」、「作戦の重心」、「決定的な要点」、「作戦線および努力線」、「作戦範囲（攻勢終末点）」、「戦力転換点」、「根拠地の設定」、「作戦のテンポ」、「作戦段階および作戦の転移」、および「リスクの許容」の10項目を列挙している。

軍団長および補佐する幕僚はこれら一式の**知的道具（インテレクチュアル・ツール）**を活用して作戦環境を理解し、作戦を構想し、そして作戦の終わり方を具体的に描く。つまりこれら一式の知的道具を考慮して作戦の大枠を決めるということ。

旧陸軍大学校でも戦略という用語を使用していたが、今日の米軍の戦略レベルとは次元が異なっていた。**旧陸大では、いわゆる作戦レベルを「大部隊（方面軍、軍）の運用＝戦略」と捉えていた。**筆者が現役時代に教育を受けた陸自幹部学校（旧陸大に相当）の指揮幕僚課程および幹部高級課程では、大部隊（方面隊）の運用は、旧陸大同様に師団運用の相似形的拡大という認識であった。

これら一式の知的道具を眺めていると、私たち平均的日本人に欠けている戦略的思考、近視眼的かつ刹那的な行動、あるいは思考の幅と深さに思いが至る。

私見であるが、作戦術という発想が欧米人に根付いて日本人に欠けているのは、狩猟民族（騎馬民族）と農耕民族の根本的な違いのように思われる。騎馬民族的国際社会での競争に伍すためには作戦術的発想が不可欠である、とあらためて思う。

以下、いくつかの知的道具（インテレクチュアル・ツール）を紹介しよう。これにより、私たちに欠けている問題点の一端が明らかになる。

最初に作戦の終わり方を決める

本要素は、作戦術の白眉《はくび》といっても過言ではない。

作戦終了の望ましい状況は、その時点で指揮官が期待している一連の条件が成立していることだ。指揮官は、MDMPのステップ2（2‐2参照）で、計画策定の指針で作戦終了の状況を明確に示す。**作戦終了の状況が明確になることにより努力の統一、統合の強化、同時性、および節度ある独断を促進し、各種リスクの軽減に役立つ。**

指揮官はすべての作戦で作戦終了の状況および条件を明確に記述する。作戦終了の状況および条件が不明確であると、指揮下部隊に付与する任務が曖昧《あいまい》となり、作戦自体が焦点を失う。作戦を成功させる指揮官は、明確で疑義がなくかつ達成可能な作戦終了の状況を作戦目標として設定し、この目標にあらゆる行動を指向させる。

〈1991年2月27日〉夜十時半、再びパウエル〈大将、統合参謀本部議長〉から電話。「今ホワイトハウスだ。君の五日間停戦案を議論してるとこだが」ワシントンでは例の無差別殺戮論がひどく高まり、はらはらさせられるとのこと。フランスやイギリスまでが、一体いつまで戦争を続ける気か？　と言い始めたそうだ。「大統領は今夜九時に戦闘中止を放送で宣言しようかとの考えだが、君のほうはそれで不都合あるかね？」

ワシントンの夜九時はリヤドの朝五時——後六時間半しかない。しばらく待ってくれと言い、考えた。腹で判断すれば、早期停戦は人命を助けてくれる。木曜まで攻撃を続行すればさらに兵が死ぬ。そう多くはないかも知れぬが、何人かは死ぬだろう。しかも我々は目的を達成したのだ。ついさっき記者会見で、アメリカの一般大衆に向け、イラクにはもはや地域的脅威となる軍事力は残っていないと言い切ったばかりではないか。いうまでもなく、ヨソック〈中将、第3軍司令官、米陸上部隊の総司令官〉はもう一日くれと言っているし、私自身後半年イラク軍を叩けといわれれば、喜んでそうする。しかし我々はフセイン〈当時のイラク大統領〉を痛い目に遭わせ、誰の目から見ても決定的勝利を収め、しかも犠牲者はほんのわずかである。止める潮時ではないのか？　明日また誰かを死なせる必要がどこにあろう？　これで心は決まった。

「何の不都合も無い」ととうとう答えた。「我々の目標は敵兵力の破壊。事実上この目標は達成した。各司令官〈第18空挺軍団長、第7軍団長など〉に聞いてみるが、僕の知らんトラブルでも起きてない限り、停戦してかまわない」

（H・シュワーツコフ著、沼澤洽治訳『シュワーツコフ回想録』）

クウェートに侵攻したイラク軍をクウェート領域から追い出すという作戦目標は達成したが、フセイン政権の打倒という戦争目的は達成できなかった。このような視点から「砂漠の嵐作戦」の終了は政治的な失敗だった、追撃を徹底すべきであったと今日なお論争を呼んでいる。であるが、政治指導者および軍事指導者の両者で作戦の終わり方のコンセンサスがあったことは、大いに評価できる。

敵の重心を見きわめる

筆者の思考には、重心（センター・オブ・グラビティ）を見きわめるという発想がなく、この要素もまさに目からうろこだった。

重心は軍隊の物心両面の戦力、行動の自由あるいは行動を起こす意志の動力源である。軍隊が重心を失うと敗北という決定的な結果が待っている。重心の考察は作戦計画を策定するために死活的に重要であり、敵の強さの源泉と弱点が何であるかに焦点が当たりかつそれを特定できる。ただし、重心は任務達成のための目標との関連においてのみ意味があることを間違えてはいけない。

指揮官は、作戦環境を完全に理解し、敵がいかに編成し、戦闘し、意思決定するかを理解することによって敵の重心を特定でき、そしてこの重心に目標を指向することができる。こうすることにより、計画策定者は重心、関連する決定的な要点、および望ましい作戦終了の状況への最良の道筋を描くことができる。

「砂漠の嵐作戦」で、中央軍（多国籍軍）最高司令官シュワルツコフ将軍は、イラク軍の重心は共和国防衛隊であると正確に評価し、共和国防衛隊が実質的な脅威でなくなった時点で多国籍軍の勝利が確定した。

その瞬間は１９９１年2月27日の深夜だった。イラク軍アッ＝ラーウィ軍団司令官は、ワジ・アルバティンの戦闘で共和国防衛隊の精鋭が完全に撃破されたことを承知するや、イラク国内防衛のために共和国防衛隊の残存部隊を再配置すべく、クウェートからただちに退却するよう命令した。

湾岸危機発生の非常に早い時期に、米陸軍情報機関はイラク大統領サダム・フセインの軍事戦略を詳細に分析して、イラク軍の作戦重心を共和国防衛隊と正確に見積もり、地上作戦の目標として、イラク軍がクウェート戦域から退却する前に、共和国防衛隊を撃破しなければならないと評価した。

イラク軍重心の評価は作戦計画の策定に生かされ、最終的に地上作戦のコンセプトとなった。「砂漠の嵐作戦」計画に基づいて、陸軍情報部隊の精鋭情報員は、第7軍団（欧州から転用された最精鋭機甲部隊）が最適の時期と場所で共和国防衛隊を打撃することに資する、一連のカギとなる情報資料を収集し提供した。

決定的な要点

「決定的な要点（ディサイシィブ・ポイント）」は「作戦の重心」それ自体ではなく、①**敵が重心を防護するために重要な資源を投入せざるを得ない地理的な場所**（港湾施設、データ配信システム、作戦根拠地など）、②**特別に重要な出来事**（作戦予備部隊の投入、石油精製所の再開など）、③**核心となる要素、または機能**である。

「決定的な要点」は作戦および戦術レベルの両者に適用できる。我が決定的な要点を制すると、指揮官は主導性を確保、維持、拡張して任務の達成が容易になる。逆に敵が決定的な要点を支配すると、わが方の攻撃衝力がとん挫し、早期に戦力転換点に達し、敵の反撃を許すことにつながる。

「砂漠の嵐作戦」に見られた「決定的な要点」の一例を紹介しよう。

シュワルツコフ将軍がイラク軍の重心を共和国防衛隊と見きわめたことはすでに述べた。イラク軍の重心となる部隊への攻撃を担当した第7軍団長フランクス中将は、共和国防衛隊を防護する「決定的な要点」をイラク軍予備部隊と見定めて、地上攻撃開始前に航空攻撃で撃破したいと考えた。

イラク軍予備部隊が健在であると、攻撃中の第7軍団は共和国防衛隊を包囲する以前に軍団の側面を打撃される可能性がある。このために、フランクス中将は航空戦力を集中してイラク軍予備旅団を徹底して撃破したのだ。「砂漠の嵐作戦」地上戦の100時間勝利は、地上戦開始前に、予備旅団を撃破して共和国防衛隊を丸裸にしたことが最大の勝因だった。

身の丈《たけ》に合った作戦を計画し実行する

米陸軍の野外教令に［Operational reach is tether.］と記述されているように、**オペレーショナル・リーチ（作戦範囲）とは動物をつなぎとめる鎖であり、能力、我慢、忍耐などの範囲または限界を示す言葉である。**つまり作戦の手が届く範囲であり、これを超えると作戦が成り立たないという意味で、日本語では「攻勢終末点」という。

作戦範囲（攻勢終末点）は情報、防護、戦闘力維持（人事、兵站《へいたん》、衛生）、持久力、および相対戦闘力が機能を発揮できる範囲であり、この末端が攻勢終末点すなわち戦力転換点だ。作戦範囲は戦闘部隊をいついかなる場所でも運用できる持久力、敵の抵抗に対して戦闘部隊を主導的にかつ速いテンポで反復打撃できる衝撃力、および敵の行動や環境から戦闘部隊の安全が確保できる防護力のバランスを保持できる範囲であり限界である。

指揮官および幕僚は、戦力転換点に達する前に、部隊が確実に任務を達成できるように配慮すべきことは当然である。身の丈に応じた、実力の範囲内で作戦を計画し実行することはいわば常識であるが、日本軍はガダルカナル島作戦やインパール作戦に象徴されるように、実力以上の作戦を強行する傾向があった。

すでに語り尽くされているように、ガダルカナル島作戦（昭和17年8月～18年2月）は米軍の上陸に反応して始まった受動的な作戦で、情報不足と固定観念による米軍軽視、一木支隊、川口支隊、青葉支隊、第2師団、第38師団の戦力を逐次《ちくじ》に投入、後方連絡線（兵站線、ラバウルから約1100キロメートル）の確保ができず弾薬・糧食《りょうしょく》の補給が途絶して多数の餓死者を出した。

日本軍が攻勢終末点を超えて強行した作戦の成功例は皆無である。作戦を指導した大本営陸軍部（参謀本部）には陸大をトップクラスで卒業した優秀者が配置されていたが、彼らは作戦術という戦術の上位概念の発想を欠いていた。

敵に戦力転換点を超えさせる

戦闘力（コンバット・パワー）は攻撃、防御いずれの場合でも戦闘行動を続けていると戦力転換点（カルミネイティング・ポイント）に達し、兵員の損失、補給の不足、疲労こんぱい、および敵兵力の増援などが原因で各個撃破される危機に直面する。大規模な作戦を計画する場合は、何はさておいて、敵に彼の戦力転換点を超えさせることを追求する。

では、戦力転換点を超えるとどうなるのか？　いくつかの例からこれを探《さぐ》ってみよう。

一・太平洋戦争の例

サイパン島失陥《しっかん》（1944年7月）が日米戦の戦力転換点だった。サイパン島喪失により日本軍は制空・制海権を完全に失った。

サイパン島が米軍の手に落ちると、日本本土が米戦略爆撃機B‐29の爆撃圏内に入る。

摩擦による戦闘力の低下

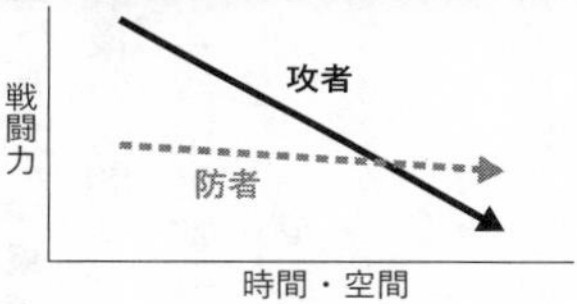

戦闘力の優劣の変化

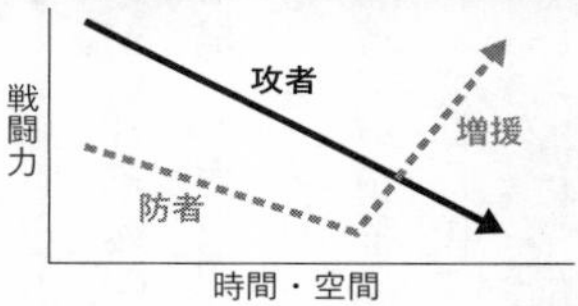

日本軍大本営もこのことは認識していたが、サイパン島防衛の準備はほとんど出来ておらず、また失陥後にサイパン島を奪回する能力もすでに失っていた。

日本軍が戦力転換点を超えたことにより、東京はじめ多くの都市が空襲により焼野原となり、広島・長崎の原爆投下へとつながった。戦局は、その後、レイテ島決戦の失敗（同年12月）、硫黄島の失陥（1945年3月）、沖縄本島の失陥（1945年6月）へと続き、日本軍は本土決戦を呼号するが、昭和20（1945）年8月15日の無条件降伏を迎えた。

当時の日本の戦争指導体制では、サイパン島失陥をもって戦争を終了するという発想があったとしても、これを決定し、かつ強力に推し進めることはおそらく不可能であった。御前《ごぜん》会議という究極の手段が設定できていたならば……。

二・第4次中東戦争の例

最後の瞬間までどちらが戦力転換点を超えるか分からない場合がある。

第4次中東戦争（1973年10月）でのゴラン高原の激戦およびシナイ半島の戦いは、最後の血みどろの瞬間までシリア軍、エジプト軍、およびイスラエル軍のどちらが戦力転換点を超えるか分からなかった。

イスラエル軍は「6日戦争」といわれた第3次中東戦争（1967年6月）で、空軍の先制奇襲攻撃によりアラブ側空軍を潰滅《かいめつ》させて制空権を確保し、空地一体の機動戦でエジプト陸軍を撃破してシナイ半島を短期間で占領、その後北転してシリア領のヘルモン山およびゴラン高原を占領した。

だが、6年後の第4次中東戦争ではアラブ側がゴラン高原およびスエズ運河の二正面から同時（10月6日午後2時5分）に攻撃を開始、イスラエル軍が最も恐れた二正面作戦を余儀なくされた。シナイ半島は約200キロの縦深《じゅうしん》があり対応の余地があるが、ゴラン高原はわずか20キロしか縦深がなく陣地死守の防御戦闘をせざるを得ない。

イスラエル軍の基本的な防衛態勢は、現地配備部隊で侵攻部隊を阻止・遅滞（防勢行動）している間に予備役を動員して予備部隊を充足し、この部隊をすみやかに投入して攻撃

（攻勢行動）に転移することである。現地部隊が戦力転換点を超える前に新編部隊を投入することが絶対条件となる。

①ゴラン高原の激戦

10月6日午後2時5分、シリア軍がゴラン高原の全正面65キロから攻撃を開始したとき、イスラエル軍は第7機甲旅団および第188機甲旅団が既設の陣地に拠《よ》って防御の態勢をとっていた。ゴラン正面に展開したシリア軍は3個歩兵師団、2個機甲師団、3個機甲旅団基幹で総兵力6万人、戦車1300両、野砲600門、SAM（地対空ミサイル）41個射撃単位であった。一方のイスラエル軍は総兵力1万2000人、戦車200両、野砲44門、対空火器48門だった。

相対戦闘力を単純に比較するとシリア軍の圧勝だ。

だが、シリア軍は裸で攻撃するので戦闘力の損害はより大である。イスラエル軍は拠点陣地、陣前の地雷原、対戦車壕、戦車の車体遮蔽《しゃへい》陣地などを多数構築して、いわゆる「待ち受けの利」で戦闘力の不足をカバーした。ゴラン高原の戦闘は戦車同士の消耗戦で、どちらが先に戦力転換点を超えるかという過酷な戦闘に終始した。

6日から9日までの4日3夜にわたって激烈な戦闘が続いた。全般的にシリア軍が優勢だったが、イスラエル軍は、動員した部隊を小隊単位または中隊単位で逐次戦闘加入させ、また損傷した戦車を短期間で修理して戦線に復帰させて戦闘を継続した。

7日午後頃にはシリア軍の攻撃衝力が衰え、8日午後にはイスラエル軍の修理完了した戦車11両がまとまって戦場に到着し、9日には後退するシリア軍を停戦ライン付近まで追撃して、10日には押し込まれていた南部地区からシリア軍を撃退できるメドが立った。このようにして8日午後頃シリア軍が戦力転換点を超えた。

②シナイ正面の戦い

10月6日午後2時5分、エジプト空軍機200機がシナイ半島内部のイスラエル空軍基地やホーク基地などの爆撃を開始、5分後から砲兵全力（1500門）による射撃を1時間実施。エジプト軍は2時15分頃からスエズ運河の渡河を開始、9時間で堤防の切通しを60カ所開け、攻撃開始後6時間で8万人が東岸に渡った。

エジプト軍は、2日後の10月8日、エル・フィルダンの戦闘でイスラエル機甲部隊の反撃を完全に撃破し、第1期作戦を勝利で飾った。ソ連軍型の立体的な防空システムのもとに濃密な対戦車火網を構成していたエジプト軍に対して、イスラエル第190機甲旅団が単独で攻撃し、3分間で戦車110両のうち85両を失った。

10月10日頃、エジプト軍は橋頭堡《きょうとうほ》に兵員8万人と戦車700両を展開していた。第1期作戦は奇襲による完璧な勝利だったが、第2期作戦で機甲師団が橋頭堡から攻勢に出たとたんにイスラエル空軍機の攻撃を受け、地上戦ではエル・フィルダンとは逆にイスラエル軍の対戦車火網により多数の戦車が撃破された。

10月14日、シリア軍の要請に基づき、エジプト軍は戦車1000両を含む比較的大規模な限定的な攻撃を広正面で実施。イスラエル軍は戦車800両をもってこれを迎え撃ち、エジプト軍に戦車200両、APC200両、死傷者約1000人の損害を与えて撃退。イスラエル軍の損害は戦車48両、死傷者640人だった。

10月15日夜、シナイ半島正面で防勢をとっていたイスラエル軍は、予備役の動員による戦力の増強およびゴラン正面からの兵力転用を待って攻勢に出た。16〜17日、イスラエル軍は大ビター湖北部からスエズ運河西岸へ渡河してエジプト軍第3軍を完全に包囲し、攻守所を変えて形勢を逆転、エジプト軍に戦力転換点を超えさせた。

結果論からいえば、エジプト軍の第2期作戦は挫折《ざせつ》し、最終的にはイスラエル軍のスエズ運河以西への進出を許し、軍事作戦そのものは失敗だった。しかしながら、この緒戦《ちょせん》の成功が政治的には大きな意味を持ち、戦後のエジプト・イスラエル平和条約の調印（1979・3・26）、シナイ半島全域の返還（1982・4・25）へとつながった。

敢えてリスクをとる

ナポレオンの箴言《しんげん》に「戦いにはほんの一瞬だけ勝機があり、卓越した戦術眼がそれをつかむ」というのがある。「好機逸すべからず」ということわざもあり、「敢えてリスクをとる」と同趣旨である。

あらゆる軍事行動にはリスク、状況の不明、およびチャンス（好機）がつきものである。**指揮官がリスクを許容するとき、自分の手で主導権をつかみ、保持し、拡張して決定的な結果をもたらす機会を作為できる。**

敢えてリスクをとろうとする意志は、しばしば、敵の想定外の行動となって敵の弱点をあぶり出す取っ掛かりとなる。しかしながら、リスクを真に理解するためには、幕僚による正確な見積と大胆さと想像力に裏付けられた根拠のある仮説が不可欠だ。

「敢えてリスクをとる」と軽くいうが、不適切な計画および準備不足で実行すると逆に部隊にリスクを負わせる。また情報および準備の完全性を追求するあまり実行が遅れると同様の結果を見ることになる。リスクと実行に伴う摩擦《まさつ》（フリクション）と好機（チャンス）の不確実性のバランスをとることが重要だ。

「機先」も「敢えてリスクをとる」と同趣向である。相手に先じて決断し、相手の度肝《どぎも》を抜き、周章《しゅうしょう》狼狽《ろうばい》させ、主導権を握ってこれでもかと畳み掛けて一気に勝利を獲得しようとする指揮官の心の持ち方である。

今日では社会インフラとして不動の地位を占めている「コンビニ」と「宅配」も、その原点を訪ねると、機先を制することの意味がよく理解できる。いずれの事業もゼロからの出発だった。周知のようにコンビニも宅配も創業者と岩盤規制（許可権者、既得権者）との間で熾烈《しれつ》な戦いがあったが、起業は顧客の需要に合致したものであり、国民一般の圧倒的な支持があるとの確信があった。

新規事業の成功を見て二番手以降が乱立するが、落ち穂《ぼ》拾いが現実で、先行者の圧倒的なシェアに食い込むことは容易ではない。創業者の先見、洞察としたたかな準備に裏付けされた決断、すなわち「機先」が勝敗の分かれ目となる。

つまり**「敢えてリスクをとる」ことは、単なる思い付きの行動ではなく、周到な準備に**

裏付けられた――正確な幕僚見積と根拠のある仮説に立脚した――決断である。指揮官の器量と決断力が問われる場面であり、軍隊の作戦あるいは企業等の事業の成否を決する重大局面でもある。

ノルマンディー上陸作戦―アイゼンハワーの決断

第2次大戦における欧州戦線のターニングポイントとなったノルマンディー上陸作戦で、彼我指揮官の決断に致命的な差が見られた。

1944年6月6日に決行したノルマンディー上陸作戦を指揮したのは、連合国遠征軍最高司令官アイゼンハワー大将。一方、英仏海峡守備のB軍集団を指揮したのは北アフリカ戦線で「砂漠のキツネ」と異名をとったロンメル元帥《げんすい》だ。

連合国軍は、英仏海峡一帯の月明の状況、潮汐《ちょうせき》、潮流の関係から、上陸予定日（Dデイ）を当初6月5日と決定していたが、前日の6月4日、英仏海峡一帯は発達した低気圧の影響で大荒れの状態となり、6月4日夜、決行か延期かの最後の断を下すための首脳会議が遠征軍最高司令部で開催された。

主任気象参謀スタッグ大佐は「5日夜から6日にかけて、海峡部は雲量5となり、風は弱まる。等々」の気象予報を説明して、Dデイを6月6日に延期するよう意見具申《いけんぐしん》した。

アイゼンハワー大将は、数分間の沈思黙考《ちんしもっこう》のあと、一時的な天候回復を勝機と見なして〝敢えてリスクをとって〟6月6日の上陸決行を決断した。

ドイツ側は連合国軍の上陸時期の切迫を承知し、パリのドイツ空軍司令部気象班が連合国側と同様の気象状況を把握していたが、6月4日のあまりの荒天《こうてん》から連合国の上陸はないと楽観的に判断し、連合国軍の上陸の可能性を否定した。

B軍集団司令官ロンメル元帥は、英仏海峡の気象状況から連合国軍の上陸はないと判断して、作戦部長を帯同してドイツ本国へ出張した。各級司令部には通常の気象情報として電話またはテレックスで伝えられた。結果としてドイツ軍は完全に奇襲され、ノルマンディー正面で上陸部隊を迎え撃つべきロンメル司令官は、自宅への電話で連合国軍の上陸を知るという大失態だった。

連合国側もドイツ側も同じような気象状況を把握していたが、連合国側は最高司令官以下の首脳が一堂に会して気象予報の説明を受け、ドイツ側は一片の情報として電話やテレックスで配布したのみ。気象情報に対する真剣度の差ならびに連合国軍最高指揮官の「敢えてリスクをとる」決断が勝敗を分けた決定的な要因だった。

巡回警備から機械警備への転換――セコム創業者の決断

「敢えてリスクをとる」は軍隊指揮官の専有物ではなく、民間企業でも新規事業の決断にその具体例が見ることができる。筆者は陸上自衛隊退官後7年間セコム株式会社研修部に勤務し、トップの決断が企業の盛衰に直結することを身にしみて実感した。

セコムは創業2年目の1964年にSPアラームの開発に着手し、4年目の1966年に販売を開始した。しかしながら結果は散々だった。66年度は13契約、67年度59契約、68年度165契約であったが、69年度から伸びはじめ1400契約となりようやく普及の見通しが立った。

巡回警備はやめる。常駐警備も増やさず、大幅に値上げする。今後はSPアラーム一本の営業でいく（支社長会議における創業者の決断／飯田亮著『経営の実際』）

セコムは昭和45（1970）年に巡回警備から機械警備へと事業の大転換を決断した。当時、主力サービスの巡回警備の契約数は4000件を超え、売上32億円の約80パーセントを占めていた。この主力サービスを捨てるという決断であった。その背景には、機械でやれることは機械でという人間尊重のヒューマニズムと、機械警備システムが将来のネットワークへと発展するのではとの予感があった。

中核商品を巡回警備からオンラインセキュリティ・サービスへと変更することにより、サービス普及地域は大都市から全国各地へと広がり、1969年頃16カ所であった営業拠点は、1972年には120カ所あまりに一挙に拡大した。

1972年度に巡回警備とオンラインセキュリティ・サービスの売上比が50対50になり戦力転換点に至り、以降オンラインセキュリティ・サービスが主力商品となり、1974年度には20対80に逆転した。

現在の企業グループのオンラインセキュリティ・サービスの契約数は、ホームページによると国内・海外合わせて341万件となっている。歴史のイフだが、セコムが巡回警備と機械警備の2兎《と》を追っていたならば、今日の発展はなかったであろう。

創業者飯田《いいだ》亮《まこと》が、1970年の箱根富士屋《はこねふじや》ホテルにおける支社長会議で下した決断は、ほとんど全員が反対する中での、緻密に計算された大胆かつ創造的発想に裏付けられた、「敢えてリスクをとる」典型的な行動であった。

セコムの巡回警備から機械警備への決断は「敢えてリスクをとる」だけではなく、作戦術を構成する要則の大半に合致している。このことをもう少し掘り下げてみよう。

巡回警備は人が主体の警備であり、契約件数が増加すると必然的に人数がふくらんでやがて限界が来る、すなわち「作戦の範囲」の見きわめだ。巡回警備は点と線の警備しかできないが、機械警備ではセンサーやカメラで24時間の面の警備ができる。これは「作戦の重心」にかかわる問題だ。

主力商品の巡回警備を捨てるという判断は「決定的な要点」の特定だ。機械警備が将来のネットワークに発展するとの予感は「作戦の終わり方」に通じる。巡回警備と機械警備の損益分岐点は「戦力転換点」である。

特に機械警備という新発想のシステムがネットワークに発展するとの予感は、ネットワーク社会とは無縁だった1970年代初期をイメージすると、その先見洞察力には脱帽《だつぼう》せざるを得ない。

今日のセコムのオンラインセキュリティ・サービスはコンピューター、ネットワーク、訓練された質の高い警備員で構成されている。セコムが警備員の教育・訓練に多くの資源を投入して質の維持・向上を図《はか》っていることを筆者は現場で確認している。

成功している企業にはセコムのような例が多くみられ、これらのいずれも「作戦術を構成する要素」に合致していることは間違いない。

2-5 ミッション・コマンド
——自主積極的な行動（独断）のすすめ——

ミッション・コマンドとは？

今日の米陸軍の野外教令には「ミッション・コマンド」という言葉が溢《あふ》れている。ミッション・コマンドとは任務指揮のこと、すなわち指揮下部隊には任務だけを与えて具体的な実行要領は部隊に任せるという指揮のやり方である。

このことは当然のように見えるが、従来、米陸軍は具体的な実行要領までを任務に含め、例えば中隊長は命令されたことを忠実に実行すればよかった。このやり方を抜本的に改め、具体的な実行要領は中隊長の裁量に任せるというやり方に変えたということ。

米陸軍が1982年版野外教令『オペレーションズ』でドクトリンをエアランド・バトル（4-4を参照）に変更したときからミッション・コマンドが強調されるようになった。

当時は東西冷戦最盛期で、米陸軍は防勢的ドクトリンから攻勢的ドクトリンへシフトして、東ヨーロッパでソ連軍を撃破することをねらったのである。

ドクトリンが変われば戦い方が変わり、この変化を米陸軍は**「フットボール方式からサッカー方式へ」**という巧みなメタファーで説明した。

当時、筆者は陸上幕僚監部調査部に配置され、職務の関係上、エアランド・バトル・ドクトリンに関する米側の資料に接する機会が多くあった。「フットボール方式からサッカー方式へ」は戦術の変化をズバリ表現しており、何が変化するのかストンと腑に落ちたことが強く印象に残っている。

フットボールは、監督のサインにしたがって全選手がいっせいに行動する。パターン(戦法)がいくつもあり、パターンごとに個々の選手の役割が決まり、監督のサイン通りに全選手が動く。これを試合中に何度も繰り返す。多彩なパターンを練習で身につけ、これを試合で完璧に実行すると、その先に勝利が見える。選手一人ひとりは駒で、指揮官はオールマイティーの監督ただ一人。

サッカーは、選手個々が独立指揮官である。監督は試合全般の方針を示すが、試合中は選手一人ひとりが全体の動きを見ながらそれぞれが状況を判断して行動する。エアランド・バトルの戦場では、中隊長はサッカー選手のごとく行動しなければならない。すなわち独立的に行動し、戦場の全体を見ながら独自に状況を判断し、積極主動的に行動して全体の目標達成（勝利）に貢献する。

指揮官が任務命令（ミッション・オーダー）を用いて部下に任務・指針の実行を命ずることにより、一体化陸上作戦（ユニファイド・ランド・オペレーションズ）実施において、敏捷でかつ柔軟性に富むリーダーたちは、指揮官の企図の範囲内で規律ある独断（イニシアティブ）を大いに発揮できる。

（米陸軍野外教令 ADP6-0『Mission Command』）

旧日本陸軍および陸上自衛隊にはミッション・コマンド（任務指揮）という用語はないが、このような指揮のやり方を当然視している。おそらく、明治時代初期のプロシア方式の導入が源流であると推察される。米陸軍がようやく我々に追いついてきたと言えよう。だが、それ以降の米陸軍の徹底ぶりには刮目《かつもく》させられる。ミッション・コマンドは今や「米陸軍の指揮哲学」にまで昇華《しょうか》している。

独断とミッション・コマンド

『広辞苑』によると、「独断専行《どくだんせんこう》」は「自分の判断だけで、思いのままに事を行うこと」であり、どちらかといえば否定的なニュアンスが強い。陸上自衛隊の教範では「独断」という用語は使用していないが、旧陸軍では肯定的な意味で推奨《すいしょう》されていた。

作戦要務令の綱領《こうりょう》で「上官の意図を明察し、大局を判断して状況の変化に応じ、自らその目的を達する最良の方法」を選べと示している。また指揮の要訣として「部下指揮官に対し大いに独断活用の余地」を与えろと示している。すなわち、旧陸軍の「独断」は米陸軍の「ミッション・コマンド」と同趣旨だった。

【指揮官の自主積極的な任務の遂行】本項は、状況の急変により適時これに応ずる命令を受領できない場合における任務の積極的遂行に関して記述されたものである。任務の積極的遂行は常に重視すべきことであるが、戦場の実相にかんがみ上述のような場合の特性上、特に「自主」を冠し「自主積極的」と表現されている。すなわち旧陸軍における「独断」と同義の用語として使用されているが、「独断」の真意をわきまえず、これに名をかりて専断専恣に陥ることを顧慮し、旧野外令と同様「独断」の表

現を避けられている。（幹部学校記事編纂委員会編『野外令第1部の解説（改訂版）』（昭和46年6月版））

自主積極的とはイニシアティブの訳語であるが、独断という用語が避けられた背景には、旧陸軍で参謀あるいは部隊指揮官の専断恣意の行動が見られ、これを嫌ったことが真意と推察される。解説書を書いたのは旧陸軍出身者で、旧陸軍の反省および新生陸上自衛隊への戒《いまし》めを込めたものであろう。

米陸軍は、1980年代を通じて、ナショナル・トレーニング・センターなどでの実戦的訓練によりミッション・コマンドを徹底してきたが、その成果が、100時間戦争といわれた「砂漠の嵐作戦」の地上戦で見られた。

砂漠の攻撃に必然的に伴う広大な正面、深い機動縦深《じゅうしん》、およびすさまじく速いテンポの作戦の進捗により、フランクス中将の第7軍団は移動しながら常時敵情を把握することが困難だった。この問題は、指揮下の部隊長がフランクス軍団長の企図を完全に理解していたこと、第7軍団の各部隊が自主独立的に行動できたこと、すなわちミッション・コマンドの実践によりある程度相殺できた、と公刊戦史が評価している。

香港攻略作戦に見る「独断」

２０２０年６月30日に中国で成立した「香港国家安全維持法」に象徴されるように、今日の揺れ動く国際情勢で、香港はホット・スポットとして国際社会の注目を集めている。79年前の太平洋戦争開戦当日、日本軍がハワイ、フィリピン、マレー半島攻撃と同時に英領香港を攻撃したことは、今日の日本ではほとんど忘れられている。

かつて香港を舞台に演じられた、旧日本軍の絵に描いたような鮮やかな独断の成功と、報告を受けた上級司令部の論外とも思われる反応を紹介しよう。

広東《かんとん》に司令部を置く第23軍は、昭和16（１９４１）年12月8日午前4時、指揮下の兵力約4万から成る第38師団などの部隊に対して、約1万２００余の英軍部隊が守備する英領香港に対する攻撃開始を命じた。

第23軍が香港攻略作戦で最も重視したのは、九龍《きゆうりゆう》半島地峡部のトーチカを主体とする防御陣地（ジンドリンカーズ・ライン）だった。攻撃準備に1週間を充当し、重・軽砲約１３０門などで徹底的にたたいた後、約2週間で金城湯池《きんじようとうち》と目された九龍半島を攻略するというオーソドックスな計画であった。

攻撃の主体となる第38師団は歩兵第230連隊を右攻囲部隊、歩兵第228連隊を左攻囲部隊と予定していた。9日午前10時30分に第23軍が攻撃準備命令を下達し、同日夜、そぼ降る雨のなかを、第38師団は攻囲の態勢に、軍砲兵隊は陣地占領に移り始め、いよいよ九龍要塞攻囲の準備が始まった。

ところが、攻撃準備中の10日午前3時20分、突如、師団戦闘指揮所に驚愕《きょうがく》すべき1通の電報が舞い込んだ。

「連隊は第3大隊の2箇中隊を以て2130（午後9時30分）城門川を完全に渡河し標高255に拠り頑強に抵抗する敵に対し夜襲し奮戦約3時間にして2330（午後11時30分）これを占領せり」

との歩兵第228連隊からの報告電報であった。

255高地は英軍陣地の要塞中枢と認識されていた要点であり、攻囲の態勢に移行中にこれを独断攻撃して奪取した、という内容。連隊はさらに、第2大隊をもって255高地の約1・5キロ南東の303高地を夜襲させる旨を報告。師団は「師団全般の企図に鑑《かんが》み」攻撃を中止して原態勢（城門《じょうもん》川北岸）に後退せよと、午前4時20分および6時5分の2度にわたって電報で命じた。

第228連隊の独断夜襲は、9日夕、草山にて約2時間敵情地形を偵察した連隊長が「敵陣地付近には敵影を認めない。英軍の大半は後退したか、あるいは日本軍の攻撃はまだと安心しているのであろう」と判断して、第3大隊長と意見が完全に一致し、連隊長の命令により大隊長が当初第9中隊を、次いで第10中隊を超越攻撃させて、闇夜の中、両中隊が最高点を求めて突進した成果であった。

師団は現場に進出した参謀長の報告に基づいて、午前9時30分、現態勢を承認した。師団は、10日午前6時40分、独断夜襲の件を広東の軍司令部に報告し、称賛されるかと思いきや、軍司令官は「速《すみ》やかに部隊を引き揚げ、責任者を軍法会議にかけて厳罰に処すべし」と激怒したのである。

ミッション・コマンドの精神では最大限の称賛に値する独断だった。旧陸軍も『作戦要務令』などで独断を慫慂《しょうよう》していたが、目の覚めるような独断成功に直面して、(練りに練った作戦計画を無視されたと感じた) 軍司令官は責任者を軍法会議にかけろと激怒した。軍隊の官僚主義もここに極まるといった態度だった。

この行き違いが師団と軍の感情的なしこりとなったが、最終的に軍は「若林将校斥候《せっこう》による挺身奪取」という弥縫策《びぼうさく》(作り話)で収拾を図った。後刻、第23軍司令官は作戦終了後第3大隊の武功抜群を認め、歩兵第228連隊第3大隊および配属の工兵小隊に対して感状を授与した。

第38師団は12月12日払暁《ふつぎょう》九龍市内に突入、計画の約2週間を大幅に短縮した6日間で九龍半島の攻略を完了した。この間の第38師団の損耗《そんもう》は、約0・6パーセントであった。

九龍要塞攻略成功の最大要因は、9日夜から10日未明にかけての第228連隊の255高地の独断攻撃奪取であり、第一線指揮官の戦機を看破《かんぱ》する機眼と鍛《きた》えあげられた精強部隊の戦闘能力とがあいまっての成果だった。

第3章 指揮官の位置

全指揮官にとって正しい位置は戦闘の最大の焦点となる場所、その場所は固定的ではなく常に変移する。攻撃準備の指導は指揮所が最適、前進開始後はできるだけ先頭近くに進出、戦闘開始後は空地の通信最適地に、そして重大事態が生起した場合は直ちに当該部隊の位置またはその後方に進出する。

J・F・C・フラー『講義録・野外要務令第Ⅲ部』

3-1 作戦・戦闘時の指揮

——4タイプのコマンド・ポスト（指揮所）——

指揮官を裸の王様にしない仕組み

従来、作戦の基本単位は師団だったが、21世紀の戦場では旅団が基本単位となっている。今日の米陸軍には3タイプの旅団戦闘チーム——歩兵旅団（2700人）、ストライカー旅団（4500人）、機甲旅団（3500人）——がある。

大佐の旅団長が旅団を指揮し、旅団長の指揮・統制（コマンド・アンド・コントロール）を補佐し実行する機構として旅団本部が置かれている。米陸軍は3タイプの旅団戦闘チームをその特性に応じて運用し、作戦コンセプトである**「一体化陸上作戦」**（ユニファイド・ランド・オペレーションズ）を遂行する。

平時、旅団長は駐屯地庁舎の旅団長室で執務《しつむ》し、指揮所を常設することはない。これは一般の官庁、企業、団体などと同様の勤務態勢である。とはいえ、旅団戦闘チームは基本的に国内外の野外で行動する野戦部隊であり、平時における最大の実務が有事を想定した

旅団戦闘チームの指揮および幕僚組織

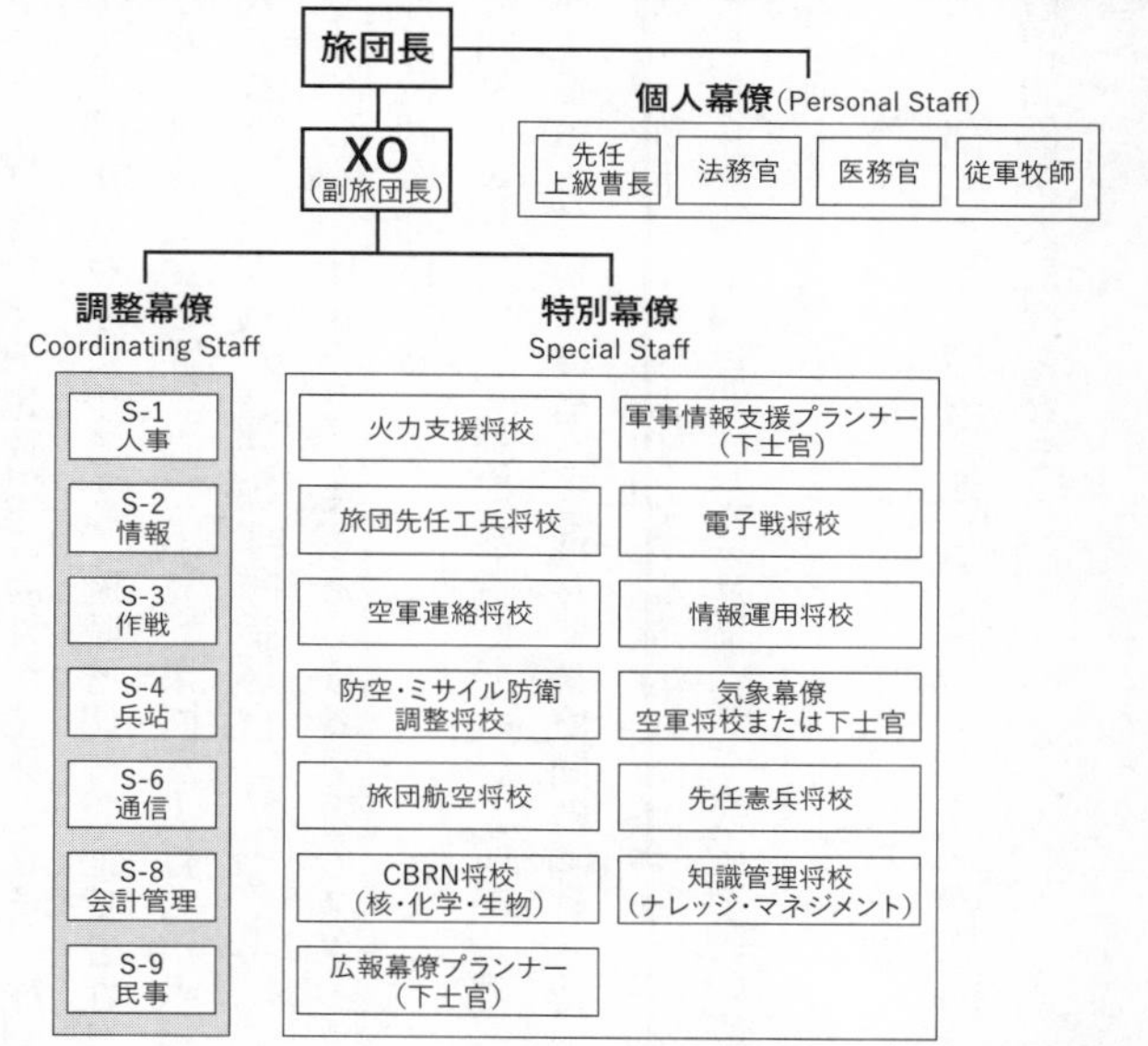

出典：FM3-96『Brigade Combat Team』2015年版

訓練であることは議論するまでもない。

旅団本部には調整幕僚、特別幕僚、および個人幕僚の3タイプの幕僚（スタッフ）が配置され、旅団ナンバーツー（序列第2位）の副旅団長（XO：エグゼクティブ・オフィサー）が旅団本部のすべての幕僚業務を統《とう》括《かつ》して旅団長を補佐する。

軍事の分野には軍令部門と軍政部門があり、旅団はいずれをも担当する。また旅団は平和維持の態勢から核戦争にまで対応し、予想戦場は海外が主体となる。旅団は広範多岐《こうはんたき》、複雑、混沌《こんとん》とした情勢下で平時から有事に至るまで適時適切に対応できなければならない。

旅団長には豊富な経験、高い識見、果断な実行力が求められる。決断するのは旅団長ただ1人であり、現代戦の第一線部隊指揮官（リーダー）である旅団長を裸の王様にしない、視野狭小にしない仕組みとして、あらゆる分野のスタッフが旅団本部に配置されて旅団長の指揮・統制を補佐する。

副旅団長（XO）は——幕僚長と同意義——旅団長の最も重要な補佐者である。各幕僚に業務を指示し、幕僚機構を管理し、幕僚間の調整と特別幕僚の行動を監督する。旅団長は、通常、旅団本部の運営権限を副旅団長に委任する。副旅団長は幕僚業務の統合者（インテグレータ）として、旅団長を幕僚業務と本部活動の細部から解放し、また幕僚が効率的かつ大胆に業務を遂行できるようにする。

多くの幕僚が旅団長を補佐するが、旅団長自身が聞く耳を持つことが不可欠だ。このためには司令部（本部）内の風通しがよく、トップの旅団長と補佐者のXO以下の幕僚との相互信頼関係が大前提となる。

トップの恣意《しい》的行動を抑止するルール

政府、軍隊、企業、団体、法人などすべての組織は公的な存在であり、トップが恣意的に動かすことは許されない。であるが、トップの自信過剰やイエスマンの偏重《へんちょう》により周囲が見えなくなり、トップが暴走する例があとを絶たない。

これを防ぐ方法は、トップを裸の王様にしない組織の仕組みとトップの判断にブレーキをかけるルールの両面がある。筆者が陸上自衛隊退官後に7年間縁があり、その鮮烈さに感動したセコムの例を紹介する。

セコムに『セコムの事業と運営の憲法』という小冊子があり、社内では〝鉄の掟《おきて》〟と呼ばれている。この憲法で会社が行なうべき事業、行なってはならない事業について、ビジョンをはっきりと決め、どんなに社会有益性があろうとも、自社がやることが社会にとって一番良いかどうかの判断をしろ、自社が最適でないならば、それを行なってはならないと明確に定めている。

セコムには日常的なことでもすべて憲法にたち戻って判断する企業文化があり、思いつきで事業を行なうことはなく、事業の目的・目標がゆがむ余地は皆無である。憲法は創業者自ら「将来にわたってセコムグループが実施すべき事業方針を定める」ために執筆し、創業の理念が恣意的にゆがめられないことを担保したものなのだ。

　事業を興すに当たっては、社会に対して大義名分があって、理屈なしに説明できるビジネスでなければならないと思っています。大義名分とは、人から後ろ指をさされない、**社会に有益なビジネス**であることと同じ意味であり、しかも、誰もがすぐにその役割、社会的な意義を即座に理解してもらえるわかりやすいビジネスでなければならないのです。

（飯田《いいだ》亮《まこと》著『経営の実際』）

イタリアに「魚は頭から腐る」という格言があるが、〝鉄の掟〟が遵守《じゅんしゅ》されるかぎり、組織が頭から腐ることはない。時間の経過とともに創業の理念が忘れられ、根本となる原則が曲がり、これらが企業不祥事の遠因となる。このような意味において、セコムの憲法は企業の良心であり英知である。

ナレッジ・マネジメント（知的資産の共有）

ナレッジ・マネジメントは、私たちが病院で受診するときに実感できる。

担当医は大型ディスプレイを使用して、CT検査や内視鏡検査の結果を目に見える形で説明し、各種データを即座に引き出して比較しながら解説してくれる。小規模クリニックからの紹介であればそのデータも利用する。また大学病院であれば、大学に蓄積されているデータや大学の同僚医師の知見も効果的に使用できる。

病院では、異なる部署や個人などに分散しているデータや知見などを、ネットワークを利用して担当医のコンピューターに集中して、患者の診断や治療などに活用することが一般的に行なわれている。このことはナレッジ・マネジメントの実践そのものであり、私たちはその恩恵に浴《よく》している。

米陸軍はこのようなナレッジ・マネジメントを軍全体で実践している。

旅団本部の特別幕僚の中で注目すべきは知識管理将校（ナレッジ・マネジメント・オフィサー）の配置だ。旅団本部以上には知識管理将校、付将校、知識管理下士官、複数の正式な教育を受けた特技兵（スペシャリスト）で構成する知識管理班が配置され、旅団のナレッジ・マネジメントを担当している。

ＫＭ（ナレッジ・マネジメント）班は、今日すでに、旅団本部から戦域軍司令部にいたるまで組織内における指揮官および幕僚の知識管理を手助けして、知識管理を通じて指揮のアートおよび統制のサイエンスの橋渡しをしている。

（FM3-96『Brigade Combat Team』２０１６年版）

米陸軍のナレッジ・マネジメントは、米陸軍をネットワーク中心、知識を基盤とする21世紀型部隊へ転換させる総合戦略の一環である。すなわち軍の中には膨大《ぼうだい》な量の文書、戦場で得られた教訓、ノウハウなどの暗黙知が蓄積されており、米陸軍はこれらをハードウエア、ソフトウエア、サービスの一体化によって形式知に変換して、陸軍全体から兵士個々に至るまで活用しようと試みている。

米陸軍ではナレッジ・マネジメントを２００３年から情報見積、状況判断などに取り入れている。野外教令FM6-01-6『Knowledge Management Operations』を２０１２年に刊行するとともに、軍隊内においてナレッジ・マネジメントを担当する組織としてＫＭ班を旅団本部以上の司令部に新編した。

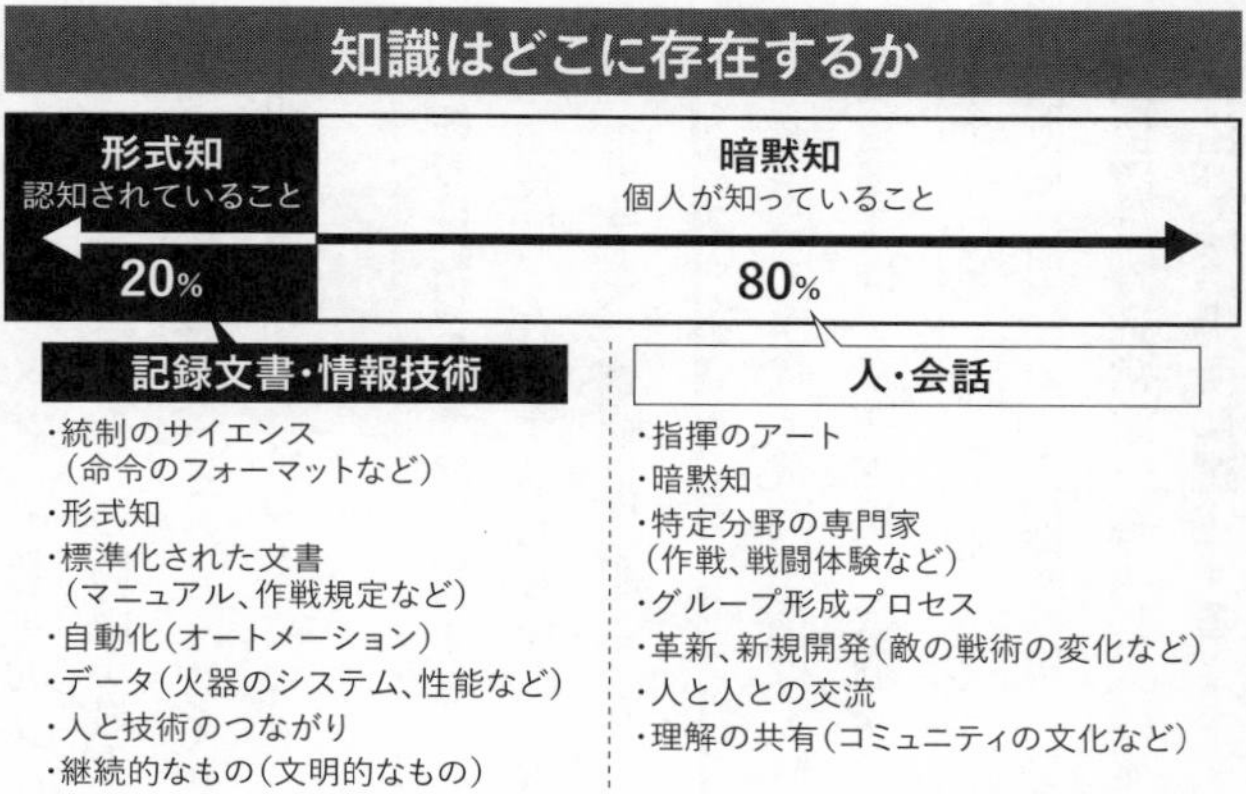

知識はどこに存在するか

形式知 認知されていること	暗黙知 個人が知っていること
← 20%	80% →

記録文書・情報技術	人・会話
・統制のサイエンス 　（命令のフォーマットなど） ・形式知 ・標準化された文書 　（マニュアル、作戦規定など） ・自動化（オートメーション） ・データ（火器のシステム、性能など） ・人と技術のつながり ・継続的なもの（文明的なもの）	・指揮のアート ・暗黙知 ・特定分野の専門家 　（作戦、戦闘体験など） ・グループ形成プロセス ・革新、新規開発（敵の戦術の変化など） ・人と人との交流 ・理解の共有（コミュニティの文化など）

出典：FM6-01-1『Knowledge Management Operations』2012年版

筆者にも経験があるが、新しいプロジェクトを計画し、準備し、実行した場合、プロジェクト参加者の間ではノウハウ・教訓などの暗黙知が共有されるが、やがて忘れさられて後進に伝わらないというのが現実だ。

　これは壮大なロスであり、ほとんどの組織で同様なことが行なわれている。このような暗黙知を誰でも学べる形式知へと変換して、それらを任務遂行に生かそうとするのが米陸軍の知識管理（ナレッジ・マネジメント）のねらいなのだ。米陸軍にはこのような新しい思想・手法を取り入れることを躊躇《ちゅうちょ》しない積極進取《せっきょくしんしゅ》の気質がある。

　ナレッジ・マネジメントの提唱者として知られる一橋大学大学院教授の野中郁次郎《のなかいくじろう》氏は、ナレッジ・マネジメントの暫定的な定義として「知識の創造、浸透（共有・移転）、活用のプロセスから生み出される価値を最大限に発揮させるための、プロセスのデザイン、資産の整備、環境の整備、それらを導くビジョンとリーダーシップ」と述べている。（野中郁次郎／紺野登著『知識経営のすすめ』）

指揮官は戦場の焦点《しょうてん》に位置する

旅団長は、有事すなわち作戦・戦闘時に旅団本部所属の幕僚を主指揮所（メイン・コマンド・ポスト）、戦闘指揮所（タクティカル・コマンド・ポスト）、後方指揮所（リア・コマンド・ポスト）、およびコマンド・グループの4タイプのコマンド・ポスト（指揮所）に区分・運用して作戦・戦闘を指揮・統制する。

主指揮所は、戦闘支援、戦闘サービス支援を含む旅団戦闘チーム全体の作戦・戦闘を担う指揮および統制の中枢である。偵察大隊、軍事情報中隊、その他各部隊のＩＳＲ（情報、監視、偵察）が主指揮所に集約され、すべての情報が主指揮所に集まる。主指揮所の設置位置は、通常第一線歩兵大隊本部の後方で、敵の野砲・迫撃砲の射程外で敵の砲弾を直接浴《あ》びない場所に選定する。

主指揮所に情報、移動・機動、火力支援、防護、戦闘力維持の各セル、および知識管理（KM）班などで構成する統合セル（計画、作戦）があり、これらが副旅団長の統制下で有機的に活動して旅団長の指揮・統制（C2）を補佐し、実行する。

計画セル（プランズ）は、計画、命令、別紙、付紙を作成し、完成後は次期作戦あるいは作戦の次期段階の計画策定に着手する。当面の作戦の実行は、**作戦セル**（カレント・オペレーション）が引き継ぐ。計画将校を長とする計画セルは、計画策定、分析実施の核となるセルで、必要に応じて全幕僚セクションから支援を受ける。

作戦開始以降、旅団長とS3（エス・スリー：作戦幕僚）は、通常、**戦闘指揮所**で旅団戦闘チームの当面の作戦・戦闘を指導する。戦闘指揮所は機動性のある一時的な指揮所で、旅団長およびS3はそれぞれ専用の指揮車に搭乗する。

旅団長が**コマンド・グループ（移動指揮所）**を編成して焦点となっている第一線に進出する場合、情報・作戦担当将校、火力調整者、旅団先任上級曹長《そうちょう》が同行して旅団長を補佐。この場合S3は戦闘指揮所に残る。

たとえ旅団長が戦闘指揮所を一時的に離れて移動しても、コマンド・グループは戦闘指揮所、主指揮所などと常時ネットワーク・システムでつながっており、旅団長の指揮が中断することはない。

後方指揮所には、S1(エス・ワン:人事幕僚)、S4(エス・フォー:兵站《へいたん》幕僚)、憲兵小隊などが位置し、旅団支援大隊と一体となって旅団戦闘チーム全体の行政管理、人事支援、兵站、衛生などの統制・調整を行なう。

作戦・戦闘が開始される以前は、旅団長は主指揮所を定位置として状況判断を行ない、作戦計画を策定し、作戦計画・命令を発出する。つまり、主指揮所にはあらゆる情報が集まり、旅団長の状況判断を補佐するすべての機能が備わっているからだ。

作戦・戦闘開始以降は、旅団長は戦闘指揮所やコマンド・グループとして移動するが、旅団長はどこにいても最適な決断ができるように、常時、通信でつながっていることが絶対条件であることは言うまでもない。

指揮官は戦場の焦点に位置することが鉄則。

ただし戦場の焦点は固定的ではなく状況に応じて変転し、また指揮官のレベルにより変化する。作戦・戦闘前の比較的静的な状況では主指揮所が指揮活動に最適な場所すなわち指揮官の定位置である。作戦・戦闘開始以降は、焦点を見きわめて戦闘指揮所に移動し、さらにコマンド・グループを編成して第一線に進出する。機動に任ずる部隊指揮官は指揮車（戦車、歩兵戦闘車など）に搭乗して最前線（戦場の焦点）で指揮する。

3-2 非常事態発生時の指揮

——リーダーはどこで指揮すべきか？——

トップ・マネジメントが立つべき位置

自治体、企業、各種団体などは軍隊とは異なり、有事に組織内の人員に生命をかけて職務の遂行を命じることはない。とはいえ、大地震、巨大台風、大火災などの自然災害、あるいは組織の浮沈にかかわる不祥事などに遭遇することが皆無とはいえない。

このような緊急非常事態が起きた場合、最高責任者であるトップ・マネジメントはどこでどのように指揮すべきであろうか？

「指揮官は戦場の焦点に位置すべし」と前項で書いたが、緊急非常事態発生時におけるトップ・マネジメントが立つべき位置は、組織全体を指揮するのに最も便利な場所であることは自明の理である。あらゆる情報が集まり、あらゆる英知を統合・結集でき、各種通信設備が完備し、トップ・マネジメントの決断・指示がリアル・タイムで必要な部署・人に流れることが大前提となる。

順風満帆《じゅんぷうまんぱん》時のトップ・マネジメントは誰でもつとまるが、緊急非常事態には修羅場で陣頭指揮する覚悟と準備を欠いているトップは馬脚《ばきゃく》をあらわすだけだ。平和ボケといわれる時代の残念な例をいくつか紹介しよう。筆者としては個人を誹謗中傷する意図は毛頭ないが、他山《たざん》の石としたい。

難局に際してのトップ・マネジメント

「危急存亡の秋《とき》に際会するや、部下は仰いでその将帥《しょうすい》に注目す」(統帥参考)といわれるが、トップにその自覚と平素の鍛錬《たんれん》がなければ、予期せざる難局に直面すると周章狼狽《しゅうしょうろうばい》して化けの皮がはがれて馬脚をあらわすことになる。2020年の新型コロナウイルス禍でみせた安倍《あべ》政権がそのよい例である。

8年間弱の長期政権を誇る安倍政権は、危機管理に強い政権と筆者は誤認していたが、それはあくまで順風満帆時での見せかけだけのことであり、現実の危機に際会するや危機突破能力および危機管理能力のなさを露呈《ろてい》し、国民の期待を裏切った。

パンデミックは今に始まったことではなく、過去に何度も経験しており、日本国政府としてはパンデミックに備えた「非常事態対処計画」があってしかるべきだが、そういった計画が存在した形跡はなかった。国内で感染者が拡大し始めた当時の政権の対応振りは、戦略なき戦術のその場しのぎであり、戦力の逐次《ちくじ》投入だった。

筆者が安倍政権最大の瑕疵《かし》と考えるのは、全面的な入国制限の発動が3月9日となり、時機を失したことである。1月23日に中国が武漢《ぶかん》市を完全封鎖したが、この時点で何らかの入国制限を決断すべきであった。現実には政権は何らの手も打たず、3月9日まで中国や欧米などから大量の外国人が入国し、新型コロナウイルスを国内に持ち込んだ。

安倍政権が決断を躊躇した裏には、習近平《しゅうきんぺい》主席訪日問題での中国への忖度《そんたく》、オリンピック開催への影響懸念、インバウンド減による観光事業への打撃などがあった。これらが重要な問題であることは否定しないが、政府の最大の使命が国民の安全・生命の確保にあることに鑑《かんが》みると、決断の躊躇はいわば安倍首相の私心に過ぎず、優先順位を間違えて国益より私益を優先したと言わざるを得ない。

政権の意思決定の不透明、アカウンタビリティ（説明責任）の欠如も目を覆《おお》いたくなる状況だった。4月1日のいわゆる「アベノマスク」の突然の発表は、筆者もエイプリル・

フールかと耳を疑ったほどだ。「Ｇｏ Ｔｏトラベル」の突然の前倒し宣言も感染状況を無視したものであり、経済優先の私心があからさまであった。

安倍首相は8月28日、健康問題を理由に辞任を発表したが、健全な精神は健全な身体に宿るといわれるように、健康管理が重要なことは当然だ。健康不安がコロナ対策や危機管理に影響したのであれば、大いに反省しなければならない。

難局に際してのトップ・マネジメントの有り様は、最も困難な正面に自ら進出して、自らの言葉で状況を説明し、非難の石礫《いしつぶて》が飛んでくれば自らこれを受けるべきである。安倍首相にはこの気概が見られず、トップ・マネジメント失格であった。危機時にはトップ・マネジメントは逃げてはいけないのだ。

15号台風の場合

２０１９年９月９日未明、千葉市付近に上陸した台風15号が千葉県内に甚大《じんだい》な被害をもたらした。記録的な暴風により8万棟を超える住宅被害が発生、送電塔２基と電柱84本が倒壊、約２０００本の電柱が損傷して県内に大規模な停電が発生、電力の復旧に長大な時間がかかった。

その間、通信網が途絶した地域からは被害の報告ができず、県内の状況が正確に把握できない状態が続いた。千葉県が台風15号に襲われたときの森田健作《もりたけんさく》県知事の一連の言動には、緊急非常事態発生に際して陣頭指揮すべきトップ・マネジメントのあり方に多くの教訓がある。

気象庁は9月8日午前11時に緊急記者会見で「強い勢力を維持して静岡県から関東地方に上陸する見込みで、首都圏を含め記録的な暴風の恐れがある」と警戒を呼びかけていた。県知事としてはこの時点で災害対策本部の立ち上げ、または準備を指示することが必要であるが、彼は何らの措置も講じていない。

翌9日、台風が通過したあとも森田知事は県庁に登庁せず公舎で報告を受けた。本人は陣頭指揮したと主張したが、これは強弁《きようべん》に過ぎない。災害対策本部を設置したのは10日午前9時、知事は午後2時に県庁を離れて自宅に向かい、自宅で私有車に乗りかえて私的に被災状況を視察し、「これが私の政治のスタイル」とうそぶいた。

森田知事は県庁の対策本部に腰を据えて、状況を掌握《しようあく》し、関係自治体と一体となって、先手先手の指揮をすべきだった。彼の一連の行動は、県民の生命・財産を守るというトップ・マネジメントとしての心構えを欠き、訓練を怠《おこた》っていたといえる。

生かされなかった阪神大震災の教訓

六四〇〇人を超える死者を出した「阪神大震災」〈1995年1月17日〉は、本質的には不可抗力の天災であった。しかし、倒壊した家屋の下敷きとなって生埋めになった何千という犠牲者の一部は、内閣総理大臣が自衛隊の大部隊の早期出動や、消防の破壊消防、化学消火剤の使用を蛮勇を奮《ふる》って決断し、渋る兵庫県知事、神戸市長に自衛隊法第八十三条の自衛隊出動要請を行なわせ、スイス、フランスからの捜索犬を四の五の言わずに入国させ、人命救助優先の諸施策を強力に推進していたら、おそらく一命だけはとりとめたことだろう。

村山総理は国会答弁で「現行の法制の下《もと》では、最善の措置《そち》を取ったと確信をもってお答えする」と述べた。しかし、大震災発生後の翌日（一月十八日）、翌々日（十九日）、既定の日程をこなし、面会人と不急の用件で歓談し、財界人と会食して、無為・無策に時間を空費した。（中略）

すぐれた宰相《さいしょう》に必須の人間的素質、すなわち相手の立場に立ってものを考えるという「感情移入」に、彼は乏しい人物なのだろうか。村山総理に作為の罪はない。しかし、その不作為の罪は重い。

（佐々《さっさ》淳行《あつゆき》著『平時の指揮官 有事の指揮官』）

危機管理の第一人者である佐々淳行は「決断し、指揮命令し、そのすべての責任を負うことが怖かったら、内閣総理大臣になってはいけなかったのだ」と、村山総理の〝不作為《ふさくい》の罪を〟痛烈に糾弾《きゅうだん》した。森田千葉県知事にも、同様のことを指摘しておきたい。トップリーダーに求められるのは、平時の知名度ではなく、有事の指揮官に必須の覚悟・心構えと平素からの準備が不可欠ということだ。

これは組織の問題であるが、有事に備えた指揮所の事前準備も不可欠だ。

前述した旅団の指揮所は、作戦・戦闘時に設置されるもので常設ではない。旅団は野戦部隊なので、出動時には必要な人員・装備を野外に展開し、状況によっては国外に展開する。したがって、平時から訓練を重ね、緊急時にはすかさず機能を100パーセント発揮できるようにしておくことがきわめて重要なのだ。

自治体、企業、各種団体などの組織は、指揮所を常設する必要はないが、緊急時にすばやく機能を発揮できるだけの事前準備、すなわち場所（会議室など）、資器材（IT機器、通信システムなど）、人員（スタッフ）の指定と定期的な訓練が必要であることは論をまたない。

特にスタッフについては、旅団本部の調整幕僚、特別幕僚、個人幕僚が参考になる。旅団の幕僚は、戦闘力発揮に関連する幕僚が中心となるが、このようなメイン・スタッフだけではなく他軍種の連絡将校、広報、法務、医務、宗教、気象、規律維持（憲兵）、知識管理といった専門スタッフを幅広く配置している。

また、トップ・マネジメントを補佐する副指揮官の指名には特段の配慮が必要だ。すなわち、指揮所活動を統括するに十分な識見・力量、トップ・マネジメントとの信頼関係がなければ、緊急非常時の対応はできない。旅団の場合、ナンバーツーの副旅団長を配置していることに大きな意味がある。

緊急非常時にはトップ・マネジメントの本性がいやおうなく暴露《ばくろ》される。「決断し、指揮命令し、そのすべての責任を負うことが怖かったら、トップになってはいけない」との警句を再度掲げておく。

コリン・パウエルの指揮所論

コリン・パウエルは稀有《けう》な軍人だ。黒人としてはじめて米陸軍の大将に昇進し、湾岸戦争（1990年8月〜91年3月）では4軍トップの統合参謀本部議長として、ワシントンのペンタゴンでブッシュ大統領（父）を補佐した。陸軍退役後に国務長官として米国の外交の舵取りを行なっている。

また、パウエルは「指揮官は戦場のどこにいるべきか？」に対する模範解答として、**「影響力が大きくなるところで、判断が行なわれるところの近く——言い換えると、自分の存否が成否を分ける場所である」**と明快に述べている。

すなわち、パウエルは戦場全体が見え、部隊を動かすことができる位置、部下と連絡を取り支援を要請でき、本部に情報を流すことができる場所で指揮することが正しいとしている。意思決定にベストな場所が指揮官の位置すべき場所という意味である。戦場は、その地位役割に応じて変化することは論をまたない。

「戦場のどこにいるべきか？」に対する正解は、リーダーの経験、自信、部下に対する信頼、上司の要望などによって異なる。私は、自分の意思決定ポイントはどこだろうと常に自問自答してきた――なにが起きているのかを知るには、成り行きに影響を与えるには、また、移動の自由を確保するには、どこにいるのがベストなのかを考えるのだ。「砂漠の嵐」作戦を遂行していたとき、私は、リヤドにある作戦本部にシュワルツコフ将軍をほんの何回かしか訪ねなかった。私がいるべき場所はペンタゴンであり、政治面や世論面でのサポートなど、将軍とその旗下にいる50万の軍勢が必要とするものを手に入れられるようにするのが私の仕事だったからだ。

（コリン・パウエル著、井口耕二訳『リーダーを目指す人の心得』）

コリン・パウエルが、国務長官に就任した直後に米国外交の大御所ジョージ・ケナンから手紙をもらったというエピソードを紹介している。

ジョージ・ケナンは「最近の国務長官は、他国のトップや高官と会談するために飛びまわっている時間が長すぎる、国務長官は外交政策面の助言を大統領に与えるのが一番の仕事であり、移動大使のトップではない」と述べている。

3-3 ナポレオンの指揮所
――戦闘指揮所は小規模で簡素だった――

小さな戦闘指揮所

ナポレオンの軍事史上における最大の功績は「作戦という概念を発明」したことであり、また参謀を創設して指揮のあり方に画期をもたらしたことも忘れ難《がた》い。皇帝ナポレオンの指揮所は大規模かつ豪華絢爛と思われがちであるが、彼の戦闘指揮所は意外と小規模かつ簡素で必要最小限の人員が配置されていた。

これらはベェルティエ参謀長、コーランクール将軍（侍従長兼主馬頭）、当直将校、2人の副官、4人の伝令将校、近習《きんじゅ》（ナポレオンの望遠鏡を保持）、ルスタン（マムルウク族のボディーガード）、馬丁《ばてい》、通訳将校、地図箱を携行する護衛兵など。つまり作戦・戦闘指揮に必要な人員のみの小さな指揮所といえよう。近衛《このえ》騎兵の4個大隊が指揮所を護衛した。

ナポレオンは国家元首と国軍最高司令官を兼ねており、戦役では大陸軍（グランド・アルメ）を現場で直接指揮した。ナポレオンは最高司令官として戦場に進出し、その戦闘指揮所はまさに野戦指揮所であった。

指揮所には司令官を補佐する参謀長以下の参謀が配置され、司令部付隊や近衛兵が指揮所の運営（開設、管理、移動など）および警備を担当する。指揮所は野外天幕や家屋のなかに設置された。ナポレオンの参謀長は、一般的な参謀長とは異なり、その実態は書記官長といった立場だった。

戦闘指揮所の機能で最も重要なことは敵、友軍、地形など作戦・戦闘に関するあらゆる情報が指揮所に集まり、司令官が状況判断し、決断して、命令が各部隊にただちに伝わる機能が備わっていること。指揮所でのナポレオンの執務を参謀の目で直に見たジョミニの証言がある。

皇帝は彼自身が参謀長だった。直線距離で17マイルから20マイル（路上距離22マイル～25マイルに相当）を測る一対のコンパスを使って、異なる色のピンで軍団の位置と敵の予想位置を標示した地図上で、折り曲げたり全長を引き延ばしたりして、彼は驚異的な正確さと精密さで、それぞれの部隊に広範囲の移動命令を与えることができた。

彼は図上の1点から1点へとコンパスを動かして、各縦隊が某日までに到達すべき目標をまたたく間に決定して、ピンを新しい位置に移し、各縦隊に付与する行軍速度と出発時間を頭に入れながら、かの有名な口述命令を筆記させた。

（ジョミニ著『The Art of War』）

指揮所内の図盤に地図（戦況図）が展開され、敵と友軍の最新の位置が異なる色のピンで標示されている。ナポレオンは自ら各軍団の移動地点と移動経路を決定して、各別命令を参謀に口述筆記させた。

命令は1部だけ羽ペンとインクで筆記し、これを参謀が騎馬伝令となって各軍団長に伝える。参謀は命令を交付し、説明し、ときには命令の実行を監督する。この間にも、各軍団から騎馬伝令が到着、あるいは派遣されていた参謀が帰着、ベェルティエ参謀長が各軍団の状況を掌握してこれを地図上に展開する。

将帥ナポレオンは陣頭指揮で連戦連勝

ナポレオンは１８０２年５月から１８０５年５月までの間、イギリスとの開戦を口実に21万人の兵士を徴集、また１８０３年から軍団を固定編制として近衛師団、７個軍団、騎兵7個師団など合計20万人、砲３５０門の兵力を整備し、１８０５年8月26日にこれらの部隊でグランド・アルメ（大陸軍）を編成した。

ナポレオンはドーバー海峡に面しているブローニュに10万人をはるかに超える部隊を集結、大規模な宿営地を建設、輸送船・戦闘艦への乗船訓練および南東イングランド上陸後の戦闘に備えた野外訓練を徹底して行ない、その結果ブローニュ宿営地がヨーロッパ最強のグランド・アルメ揺籃《ようらん》の地となった。ブローニュの宿営地で誕生した前代未聞の大陸軍はまさに無敵であった。

グランド・アルメの初陣は**ウルム会戦**（１８０５年10月）であるが、ナポレオンの果敢な指揮による分進合撃によって、短期決戦、速戦即決、最小の犠牲で最大の効果をあげるという戦術原則の典型例を演出した。

その７週間後の三帝会戦といわれる**アウステルリッツ会戦**（１８０５年12月）では、ナポレオンの卓抜した戦術眼とナポレオンの意図どおりに進退する精鋭部隊とが相まって、戦史上の傑作作戦が生まれた。

翌年の**イエナ・アウエルシュタット会戦**（１８０６年10月）で、ナポレオン軍は精強をうたわれたプロシア軍を完璧に撃破し、その後の徹底した追撃は戦史に特筆される。

この3つの会戦がナポレオン軍（グランド・アルメ）栄光の頂点だった。以降、戦域は欧州全域に広がり、軍隊の規模が拡大、必然的に各級指揮官の質と部隊の戦闘能力が低下したことで、フランス軍は膨大な犠牲を出さなければ勝てないようになった。

ナポレオンタイプのリーダーには部下が育たない

軍神といわれたナポレオンは、歴史に特筆される最も著名な将軍で、彼が直接指揮した戦場では文字どおり連戦連勝だった。だが、彼のような陣頭指揮官型のリーダーのもとでは、部下が育たないというジレンマがある。

作戦・戦闘の全体構想はナポレオンの頭の中だけに存在し、彼は具体的な実行要領を各軍団長に各別に命じた。したがって軍団長は全体構想の中における自らの地位・役割が分からず、命令されたことをひたすら実行するだけだった。天才ナポレオンが天賦《てんぷ》の才をいかんなく発揮して現場で直接指揮するわけであるから、目の前の作戦・戦闘にはいつでも圧勝できた。

つまり、ナポレオン流のやり方では、彼が直接指揮する作戦・戦闘には勝てるが、彼が不在の戦場では勝てなくなった。組織発展の中・長期的観点からは、リーダーやスタッフを育てて、最高指揮官不在の場合でも、現場を任せられたトップの指揮・統率で勝てる組織にすることが肝要だ。

ナポレオン流のワンマン指揮は、辛辣《しんらつ》に言えば、ナポレオンの声が届く範囲でのみ有効。それでも当時は画期的な指揮方式であり、旧態依然とした欧州各国の将軍たちを翻弄《ほんろう》した。であるが、時間の経過とともに、各国の将軍たちもナポレオン流を学習してその上をいく対抗方式を編み出した。時代を画した革新もやがて時間の経過とともに陳腐《ちんぷ》化するという典型例である。

ナポレオン流を克服《こくふく》すべし

ナポレオンタイプのリーダーは、軍隊に限らずあらゆる組織に見られる。能力抜群と自他ともに認めるリーダーにこの傾向が強い。では、これを乗り越えかつ部下が育つ指揮統率のやり方はあるのだろうか？

大隊長レベルの指揮官までは、指揮官自ら最前線で状況を掌握《しょうあく》し、指揮下の部隊を手足のように動かすことも可能であるが、旅団長（陸自でいえば連隊長）以上の指揮官は、指揮官の企図《きと》を理解して独断できる部下を育てないと、例えば旅団の任務そのものを達成することができない。自ら考え、自ら行動できる指揮官の養成が王道である。

「部下に具体的なやり方を教えてはいけない。何を成すべきかを教えよ、そうすれば彼らは自らの天分を発揮して諸君を驚かすだろう」（ジョージ　S・パットン将軍）

パットン将軍の言葉は、前述した「ミッション・コマンド」そのものである。ミッション・コマンドとは、指揮官が部下に「任務命令」を与えて、部下に指揮官の企図の範囲内で規律のある独断を可能にさせる、動きのはやい現代戦の指揮のやり方である。

部下には達成すべき明確な任務を与え、具体的な実行要領は部下に考えさせ、部下の自主積極性に任せるというやり方だ。リーダーには、部下の能力を最大限引き出してさらに助長してやる、という責務がある。

3-4 ロンメルの指揮・統率
——ロンメルは常に最前線で指揮した——

ロンメルは最前線で即断即決した

軍隊は完璧なピラミッド型の組織で、厳格な指揮系統に特色がある。とはいえ、平時の指揮系統が作戦・戦闘の現場でそのまま有効に機能するとは限らない。北アフリカ戦線はイギリス軍の古典的・伝統的な垂直指揮とロンメル軍団のフラットな指揮との戦いであったといえよう。

機動戦のような変転流動する戦況では、迅速な意思決定とすばやい対応がなによりも重要だ。後方の指揮所で戦局全体を把握し、意思決定し、指揮系統に従って命令を伝達する固定戦型の指揮ではタイムラグが生じて戦機を逸する。アフリカ軍団を指揮したロンメル将軍は、常時、戦局の焦点に進出して自ら状況を掌握し、即座に決断し、自ら無線命令を発して部隊を大胆に機動させた。

彼も生身の人間であるから、ときには状況判断を誤り、窮地《きゅうち》に陥ったこともあるが、多くの場合、イギリス軍を翻弄した。ロンメルは英軍から捕獲したAEC製「マンモス」（大型バス）や小型装甲指揮車「グライフ」から、ときには連絡機「シュトリヒ」に搭乗して、最前線で指揮を執《と》り続けた。

1942年5月のガザラ付近の戦闘では、ロンメルのアフリカ軍団が前面の英軍主力と後方のボックス群（地雷原）との間にサンドイッチ状となって壊滅の危機を迎えた。英第8軍がこの絶好の勝機を生かして、全戦力を集中してアフリカ軍団を攻撃していたならば、〝砂漠のキツネ〟の未来はなかった。

英軍の司令官たちは、現実に、ロンメルの補給がきれさえすれば、戦わないでも入手できるとおもわれる大きなエモノについてかんがえていた。しかも一週間もかんがえつづけて、六月の五日になるまで、一回も大きな攻撃をしかけなかったのである。

問題は英第八軍の指揮が、二階から手綱をとる傾向があったことである。中東方面総司令官オーキンレック将軍は、カイロで第八軍司令官リッチー将軍や軍団長たちと、ながながと会議をやっている。各師団長はしばしば軍と協同動作をとらないで、命じられたとおりだけの行動をとってしまう。

いっぽう、アフリカ機甲軍では、命令は直接、厳然とつたえられる。どんな意見具申もよいものはとりいれられるが、それは一人の人間――エルウィン・ロンメルの頭脳と個性による迅速で確固とした（よかれあしかれ）命令となってあらわれる。ロンメルは指揮車に寝起きして、この〝大釜〟のなかでアフリカ軍団とともに奮闘していたのである。

（ケネス・マクセイ著『ロンメル戦車軍団』）

北アフリカの砂漠戦は騎士道とフェアプレイの戦いだった

戦争は破壊が目的ではない。より良き戦後の構築を目指す過程における暴力は不可抗力であるが、そこにはおのずから限界があってしかるべきである。北アフリカ戦線には暴力を抑制しようとする明確な意志があった。なぜ英兵たちは敵将ロンメルを〝砂漠のキツネ〟と敬意の念を込めて呼んだのだろうか？

①ロンメルの野戦指揮官としての卓越した指揮能力に対する畏敬……ロンメルは、戦車

集団を砂漠の海で艦隊のごとく運用し、機動力を最大限発揮して英軍の後方連絡線にたえず脅威を与え、英軍を翻弄した。

②**北アフリカ軍団の騎士道的な戦いへの賞賛**……ロンメルは勝利のためには全知全能を傾けたが、戦闘終了後の無用な殺傷を禁じた。戦争法規にのっとった捕虜の扱い、敵味方負傷者に対する平等な治療などがこの例である。

③**ロンメルの戦士としての姿勢への共感**……ロンメルは後方から指揮するタイプではなく、常に最前線で陣頭指揮し、将兵と寝食をともにした。言うは易く行なうは難く、軍団長自ら率先躬行することは容易ではない。

とにかくアフリカ軍団が戦争法規にしたがって戦おうとしていることは、イギリス軍にただちに通じた。このことの名誉はあげてロンメルに与えられた。アフリカ軍団がすべてに彼を範として仰いでいたのだから、彼は疑いもなくその大部分を受ける資格があった。

（デズモンド・ヤング著『ロンメル将軍』）

北アフリカの砂漠で、ロンメルの部隊は終始きれいな戦いをしたが、その相手のイギリス軍にもフェアプレイの精神があった。今日ではロンメルの偶像崇拝《ぐうぞうすうはい》が進み、かつ定着しているとの感は否めない。筆者もロンメルが好きな1人だが、ロンメルが戦略・戦術に優れた稀代《きたい》の名将であるとは思わない。筆者は、ロンメルは天才的な戦術指揮官であるが、戦略指揮官としては資質と適性を欠いていたと考える。

エリートの矜持《きょうじ》

ロンメルの戦車軍団が北アフリカ戦線で騎士道的な戦いをしたことの源流をたどれば、ロンメルの個性と新生ドイツ軍戦車隊の創設に行き着く。第1次大戦で敗戦国となったドイツは、1935年3月、ヴェルサイユ条約軍備制限条項を破棄《はき》して徴兵制による再軍備を宣言すると同時に、3個機甲師団を誕生させた。

戦車隊の幹部（士官・下士官）は常備軍から選抜したが、戦車兵の大半は民間から直接戦車学校に入校させた。グデーリアンやトーマといった機甲の先達が、戦車兵として初めて軍隊に入った若者に、彼らの理想を徹底して注入した。

ドイツ国防軍戦車兵はエリートとして教育され、彼らもそれにこたえて自らを律した。

黒い制服とベレー帽がそのシンボルだ。彼らは誕生の原点から選ばれた者として処遇され、戦場という究極の場で「ノブレス・オブリージュ」(高貴なる者の義務)を実践した。

第2次大戦のドイツ軍戦車兵は間違いなくエリートだった。特に北アフリカ戦線の戦車兵は選ばれた戦士にふさわしく正々堂々と戦って敗れた。ロンメル将軍に率いられたアフリカ軍団の騎士道精神がその典型例だ。

騎士道精神はロンメルという稀有の野戦指揮官とドイツ国防軍戦車兵が渾然一体《こんぜんいったい》となって形成されたもので、軍隊・軍人の理想的な姿といえよう。

矜持を忘れたわが国のリーダー

今日のわが国では、国家の指導者であるべき政治家、官僚、大企業のトップ・マネジメント、あるいは将来のリーダーを育てる教育関係者などの不祥事があとを絶たない。彼らを見ていると、学歴はそれなりにあるが、教養(リベラル・アーツ)に裏づけられた知性が感じられず、エリートとしての品性を欠き、また鍛錬という機会をもたなかった精神的なひ弱さを感じる。

わが国の教育システムのエスカレーターおよび大学などの高等教育の現状では、リーダーにふさわしい知性や心身の鍛錬の機会がほとんどないというのが現実だ。私益を最優先し、公益は二の次というリーダーが多すぎる。

わが国の政治家の質が劣化していることは間違いないが、かつて経済学者の森嶋通夫《もりしまみちお》が指摘したように日本の大学が政治家に必須の教育を提供できていないことが原因である。この問題が解決されない限り、政治家の質の劣化がやむことはないであろう。

オクスフォード大学は、イギリスですぐれた政治家を輩出させた大学である。それは同大学のPPEコースのおかげであるとしばしばいわれる。(中略)最初のPはフィロソフィーを表し、次のPはポリティクス、最後のEはエコノミクスを表す。学生はこれら三つの中から一つを自分自身の主要科目として選び、他を副科目とする。主要科目の単位は四単位、副科目は二単位ずつである。どれを主要科目にとった人でも、政治家になるのに適切な教育を受けている。彼らはいずれも経済を論じる力を持っており、経済を主科目に選んだ人は経済通の政治家になるであろう。

(森嶋通夫著『なぜ日本は没落するか』)

森嶋は「経済学の教育が不十分だと、社会現象（必ずしも経済現象とは言わない）を論理的に分析する能力を政治屋は持たなくなる」と断言している。彼のいう政治屋とは、政治的思考ができなく、支援団体や選挙区に利益をもたらすことを使命と考えている政治家のことであり、現実の政治家の大半がこれに当てはまる。

リーダーの育成については次章（第4章）で取り上げる。

人の上に立ち、人と組織を動かして何事かをなそうとする者は、すべからく選ばれた者であり、ノブレス・オブリージュの心構えを持ちたいもの。人に指さされるようなことはしないという矜持さえがあれば、少なくとも恥ずかしいこと、天に恥じるようなことはできない。

3-5 最前線の指揮官

――究極のリーダーシップは人間力――

究極の戦場における〝信頼関係〟

筆者が陸上自衛隊第2師団（旭川）で勤務していたとき、ある本と出合い、魂をゆさぶられた。それは太平洋戦争末期のビルマ戦線でのエピソードをつづった『山川草木』と題する小冊子であった。ビルマ戦線に少佐参謀として参加した元第2師団長・村田《むらた》稔《みのる》陸将が、師団司令部の幕僚教育として講話した内容をまとめたものだ。

筆者が感動したのは、敗色濃いビルマ戦線において、決然と任務の遂行を命じた歩兵団長と、これを敢然と実行した若い小隊長の、まさに戦場における指揮官と部下の究極の信頼関係であった。

アキャブを中心としたベンガル湾沿いの数百キロメートルにわたる地域で持久の任についていた第54歩兵団長木庭《こば》知時《ともとき》少将の指揮する木庭支隊（歩兵第１５４連隊と野砲兵1個大隊基幹）は、昭和19（１９４４）年11月下旬からアキャブ付近からアラカン山系を越え、ブローム方面へ撤退することになった。この撤退路は容易ならざる地形であるのみならず、車両部隊でもほぼ1カ月かかる長い路だった。

アラカン山系までの道路は海岸沿いの平坦路であるが、カンゴー付近は山沿いを迂回《うかい》して撤退しなければならない。そのカンゴーにひとつの高地があった。この高地は東西に通じる唯一の道路を完全に制することができ、しかもこの道路以外は車両が通過できないという緊要な地点。すなわち、この要点を確保すればわずかな兵力をもって敵の数個師団に対して数日の持久が可能であった。

木庭少将は連隊きっての勇敢な小隊長であった某中尉を呼びこの小高地の確保を命じた。この時、少将は任務を与える前に、この高地の確保が戦術上いかに重要であるか、したがって、この高地を確保することが、兵団を救う唯一の手段であることを、こんこんと話した。

中尉は「よく分かりました。必ずやりとげます」と部下30数名をつれて高地に向かった。小隊長は敵のこの付近への進出を約一週間後と見積もっていたが、機動力に富む敵は予定より2日早く出現し、このため小隊は防御準備不完全のまま戦闘に入った。その防御配置は小隊長が中央に位置しそのまわりを隊員がとりかこむ形で、工事はタコつぼ程度のものであった。もちろん予備陣地もなければ予備隊も有しない。

（講話録『山川草木』）

英軍（西阿第81および第82師団など）は攻撃開始3日目にあらゆる火器を総動員して一挙に高地に突入した。このとき、英軍将兵を驚かせたのは、30数人の日本軍小隊の全員がタコつぼ壕《ごう》の中に座ったまま戦死をとげ、小隊長は壕によりかかって生きて指揮をとっているかのように首を起こしていることだった。歴戦の英軍将兵も、その勇敢さに感嘆し、ひとしく黙禱《もくとう》を捧げたという。

終戦後、英軍の戦史編纂官は「この精鋭な小隊はどのようにして訓練されたのか」と、しつこく尋ね、ようやくこの小隊の最期が判明した。統師が破綻したといわれる帝国陸軍であるが、歩兵団長と小隊長はあくまで軍人の本分を貫いた。木庭少将は「あの世にいって、戦死した部下とめぐりあったら、手をとりあって、激しかった戦のことを語りあえる自信がある」と述懐している。

戦場の指揮官の〝死生観〟

究極の戦場に思いをめぐらすとき、〝死生観〟の確立は避けて通れない。とはいえ、平和が長期間続く時代において、死生観の具体像を結ぶのは至難のわざである。長嶺秀雄《ながみねひでお》はレイテ島作戦に第1師団歩兵第57連隊大隊長として参加し、リモン峠の激戦を生きぬき、敵将からその勇戦敢闘を激賞された。

何かある覚悟を持っている武人と、そうでない武人とでは、仕事の上で、また有事に当り明瞭な差が出てくることは、歴史の教える所である。それはやせ我慢でもよい。祖国のため、任務のため、あるいは部下のため、自分の身を投げ出すことである。

（長嶺秀雄著『日本軍人の死生観』）

自衛隊は創設以来敵に向かって弾を撃ったことはないが、たとえ平時が永遠に続こうとも、文字どおりの常在戦場の心構えを求められる組織である。戦時における指揮官の命令は部下の生死に直結する。自衛隊の指揮官は平時においても、歴史の法廷で裁《さば》かれる存在であることを、常時、意識して身を処する必要がある。
一般のリーダーが部下の生死を左右することはなく、また人間である以上私心も私欲もある。とはいえ、**やせ我慢でもいい、震えながらでもよいから組織のため、部下のために身をなげだせるリーダーの生きざまは美しい。**

英国のウェーベル元帥は、戦後ケンブリッジ大学の講話の中で、戦場の指揮官は、第一に糧食（パン、塩、水など）と資材（弾薬、医薬品など）を与えること、第二に実際感覚（環境変化の本質をつかむ）があること、第三に親切であり、かつきびしくあること、が必要だと述べていますが、実はこれはギリシアのソクラテスの訓《おし》えなのです。ところが思い出してみると、さきの戦争で、何とこの古くからの訓えが実行できなかったことか。陸軍も海軍もこれができなかったのです。

兵隊さんが生きて戦うためには、第一の糧食と資材が必要です。そのためには指揮官に第二の実際感覚がなければなりません。そしてそのためには第三の親切さが必要です。それはいわば愛情でありましょう。

幸い、私の所属したレイテにおける名連隊長宮内良夫大佐は、「多流汗、少流血」

をモットーにしていました。あの激戦場のことでしたから流血を少なくすることはできませんでしたけれども、米軍二個師団を相手にして、約四〇日間ねばり抜き、米軍参謀総長マーシャル元帥をして「日本軍最強の部隊」と賞讃せしめました。その意味において、私自身は「われ後悔せず」の気持を持ち続けております。

（長嶺秀雄著『戦場　学んだこと、伝えたいこと』）

長嶺は「文字通り私は奇跡の生還である。わが大隊663名は、私以下18名のみが生きて還った」と述べ、悔いのない戦いだったと心境を吐露している。**戦闘場裏の指揮官は、任務のために部下に死を命じなければならない**。一点の曇りなき明鏡止水の心境だけがこれを可能にする。軍隊指揮官の永遠の修行目標である。

青い噴煙――筆者の小さな体験

自衛隊は実戦の体験をもたないが、平時の勤務でも、隊員の生命に直接かかわる決断を迫《せま》られることがある。筆者が北海道上富良野《かみふらの》町に駐屯する第2戦車大隊の指揮官当時の体験を紹介しよう。

昭和63（1988）年12月19日21時48分、十勝岳《とかちだけ》（海抜2077メートル）が火柱をあげて噴火、火砕サージによる小規模な泥流が発生し、火口から1キロ下方の避難小屋（海抜1200メートル）付近にまで達した。上富良野町を警備隊区とする大隊は、災害派遣命令が出る以前の状況だったが、大隊長の独断でこの日から火山活動が落ち着く翌年6月1日まで災害派遣に備えて全力待機した。

大正15（1926）年5月24日には、十勝岳が大噴火して大量のマグマが流出、山頂付近の残雪が泥流となって猛烈な勢いで山麓《さんろく》の上富良野を襲い、甚大な被害を及ぼしていた。山頂付近に積雪がある限り、大規模な火山泥流が発生する可能性があり、泥流発生時の迅速な対応のためには大隊全力（約500人）の待機が必要だった。

平成元（1989）年1月中旬、上富良野町長から、十勝岳の火口直下に泥流監視装置を設置してもらいたいという要請が、まさに突如、大隊に舞い込んだ。

「上富良野町の山岳救助隊要員では設置が困難であり、自衛隊に災害派遣としてお願いしたい」という趣旨だ。山頂付近は積雪2〜3メートル、気温は氷点下30度、風が強ければ地吹雪で視界はゼロになる、設置作業中に十勝岳が噴火すれば隊員が泥流に巻き込まれる可能性がある、地形的に雪上車は使用できずスキーが唯一の機動手段だった。

火口に向かう泥流監視装置設置隊の先頭。（著者撮影）

火口直下に泥流監視装置を設置できれば、町（災害対策本部）は泥流発生と同時に町民に避難を指示でき、町長たっての要望である——。そうしたことが筆者の頭の中でうずまき、最終的に大隊長の責任（隊区担当部隊）と権限で要請を引き受けた。

当時の酒匂佑一《さこうゆういち》町長は、薩摩《さつま》の中村半次郎《なかむらはんじろう》を大叔父とする古武士然とした風貌、筆者の父親の世代であった。上富良野町と隊区担当部隊である戦車大隊との関係はきわめて濃密で、酒匂町長のためにひと肌脱ごうと決意したというのが本音であった。

1月22日、月曜日、快晴、無風、大気が凛と張り詰め、ダイヤモンドダストが空中にきらめいていた。スキー機動隊は、角材や電線を肩にして、原生林を縫い、谷を越え、立ち入り禁止区域の雪原に足を踏み入れ、筆者は、踏み固められた雪道を、スキーで最後尾から続行した。

火山が噴火するという最悪の事態も考慮して、作業隊はスキーの特級者だけで編成した。海抜1500メートルの斜面は人跡未踏《じんせきみとう》の雪原で神々《こうごう》しいばかりの光景だった。だが、火口から噴き上げる噴煙は青味を帯びており、噴火の前兆となる火口付近の温度が上昇していることを示していた。

筆者は、部下に厳しい任務を命じた指揮官として、彼らの作業ぶりを直接自分の目で見たいと思い、同行することにした。また「万が一のとき、大隊長も一緒に泥流に巻き込まれるのであれば、隊員の家族には申し訳も立つ」と心中密《ひそ》かに決意していた。結果的には、作業が完了して全員が安全地帯に移動した直後に十勝岳が小噴火、まさに間一髪だった。

ただし、このとき泥流は発生しなかった――。

第4章　エリートの義務

士官候補生は、嘘をついたり、人をだましたり、人のものを盗んだりしてはならない。また、そうする者たちを見逃してもいけない。

ウエスト・ポイント陸軍士官学校

4-1 リーダーの資質

——リーダーには欠いてはいけない資質がある——

将帥《しょうすい》の資質

旧陸軍が昭和3（1928）年に編纂《へんさん》した『統帥綱領《とうすいこうりょう》』は、将官および参謀のために陸軍統帥の大綱を述べたものである。門外不出の軍事機密として扱われ、敗戦時にすべて焼却されたといわれるが、戦後（昭和37年）に有志の手で完全に復元され、現物が残っていた『統帥参考』と合わせて出版された。

『統帥参考』は、昭和7年に陸軍大学校における『統帥綱領』の講義の参考書として刊行された。「統帥の諸原則を、ひろく戦史を観察し、普遍的に攻究編纂」した教育上の資料であるが、今日ではリーダーシップ論として読める。この『統帥参考』に将帥の資質が具体的に書かれている。

戦いに勝つことを本来の任務とする将帥に最も必要とされる性格は強固な意志と実行力である。これなくしては、部下と部隊を完全に掌握《しょうあく》し、主動権を握って戦勢を支配し、戦場の主人公になることはできない。将帥の資質が白日のもとにさらされるのは、戦場という究極の場であることは言うまでもない。

平時の名将で将来の参謀総長といわれた、第1次大戦初期のドイツ第2軍司令官フォン・ビュロウ将軍は、実戦の場において統帥能力のなさを露呈した。このような例はフランス軍、イギリス軍などでも多く見られ、また日本軍も例外ではなかった。

平時は事務などをうまくこなすが、実戦において失敗する将帥に共通する欠点は、戦勢の推移を支配するタイミング(戦機)が看破《かんぱ》できず、状況の変転に翻弄《ほんろう》され、細事にこだわって大事を逸する点にある、と『統帥参考』は厳しく指摘している。

将帥の具備すべき資性としては、堅確強烈なる意志及びその実行力を第一とし、至誠高邁なる品性、全責任を担当する勇気、熟慮ある大胆、先見洞察の機眼、人を見る明識、他人より優越しありとの自信、非凡なる戦略的識見、卓越せる創造力、適切なる総合力を必要とす。

(大橋武夫《おおはしたけお》解説『統帥綱領』)

このような資性を身につけた統帥が現実に可能かという疑問はあるが、軍隊の将帥にはこのような高い目標が求められるのだ。この高い目標に向かって精進し、子分を作らず、部下に迎合せず、軍人として黙々と本分を尽くした無名の将帥が多く存在したと筆者は信じる。世間でよく知られているいわゆる政治的軍人のなかには、太平洋戦争末期に卑怯未練な本性を暴露した将帥も現実に存在した。将帥の価値は、平時の辣腕《らつわん》ではなく、戦時の生きざまで評価される。つまり歴史から裁かれるということである。

戦場の指揮官

戦場の指揮官は直接部下を掌握し、部下とともに敵弾に身をさらして任務を遂行する。『作戦要務令』には、戦場における指揮官の理想像が明示されている。

指揮官は軍隊指揮の中枢にして又団結の核心なり。故に常時熾烈《しれつ》なる責任観念および強固なる意志をもってその職責を遂行するとともに、高邁なる徳性を備え部下と苦楽をともにし、率先躬行《きゆうこう》軍隊の儀表《ぎひよう》としてその尊信を受け、剣電弾雨の間に立ち勇猛沈著部下をして仰ぎて富嶽《ふがく》の重きを感ぜしめざるべからず。

為さざると遅疑するとは指揮官の最も戒むべき所とす。これこの両者の軍隊を危殆に陥らしむること、その方法を誤るよりも更に甚だしきものあればなり。

（『作戦要務令註解』昭和一四年版）

士官学校卒業直後の青年将校の大半は純粋に右のような指揮官像を目指したが、エリートであるべき陸軍大学校を卒業した一部将校のなかには、立身出世・名利といった私心にとらわれ、軍人の本分から逸脱して、政治的行動に走り、また真価が問われた戦場で卑劣なふるまいをした者も見られた。

リーダー像の点描

軍隊における将帥や戦場の指揮官に求められる資質は、極論すれば、あらゆるリーダーに求められているといっても過言ではない。とはいえ、リーダーは生身の人間であるから、見る角度によって様々な捉《とら》え方がある。それらのいくつかを紹介したい。

P・F・ドラッカーのマネジャー像

マネジメントの父ドラッカーが理想としたマネジャーは「一流の仕事を要求し、自らにも要求する。基準を高く定め、それを守ることを期待する。何が正しいかだけを考え、誰が正しいかを考えない。自ら知的な能力をもちながら、真摯さよりも知的な能力を評価したりしない」と断じている。

マネジメントにできなければならないことは学ぶことができる。しかし、学ぶことのできない資質、後天的に獲得することのできない資質、初めから身につけていなければならない資質が一つだけある。才能ではない。真摯さである。

（P・F・ドラッカー著、上田惇生訳『マネジメント』）

「真摯さ」を欠いた指揮官・マネジャーは組織に害をもたらす。

インパール作戦の末期、インド領内のコヒマを奪取して英印軍の増援と補給を遮断する任務を与えられた第31師団が、約束どおり補給品が来ないという理由で、師団長の佐藤幸《さとうこう》徳《とく》中将が軍（第15軍）命令にそむいて独断で退却するという、日本陸軍史上にかつて例のない〝抗命〟事件が起きた。

インパール作戦自体が本質的な欠陥を含み、その責任の大半は作戦を強行した第15軍司令官牟田口廉也《むたぐちれんや》中将にあるが、牟田口中将も佐藤中将も、ドラッカーのいう真摯さを欠き、指揮官に不適格な人材であった。

インパール作戦で日本軍は短期決戦の奇襲に勝ち目を求めたが、英軍司令官は遅滞行動で日本軍をインパール盆地に引きずり込んで攻勢終末点を超えさせ、日本軍が戦力転換点を超えた時点で攻撃に転移して日本軍を完璧に撃破した。

佐藤師団長が独断退却したとき、最前線のコヒマ正面で、歩兵団長宮崎繁三郎《みやざきしげさぶろう》少将の指揮する宮崎支隊が英印軍の大軍を相手に血みどろの戦闘を繰り広げていた。佐藤師団長は部下の宮崎少将と部隊を見殺しにして自分だけ安全な後方へ下がった。


統率者としての筋を通すならば、佐藤師団長自らが宮崎支隊の任務を引きうけ、宮崎少将に師団主力後退の指揮をとらせるか、あるいは軍命令を無視し、宮崎支隊残置の件を握りつぶすか、どちらかであると思うが、そのどちらかも中将佐藤幸徳に対しては無理な注文であったのかも知れない。

（土門周平著『最後の帝国軍人』）

一方で、「真摯さ」を貫いた指揮官がいた。

昭和20年8月15日の玉音放送のあと、駐蒙軍《ちゅうもうぐん》司令官根本博《ねもとひろし》中将は、国民を守るという軍隊の原点に立ち戻って、大本営の「武装解除命令」を拒否してソ連軍との戦闘を継続した。この結果、内蒙古《もうこ》にいた4万人の日本人が無事内地に帰国できた。

佐々淳行《さっさあつゆき》が理想とした現場指揮官像

佐々淳行のいう「ハンズ・オン・マネジャー」とは現場指揮官のことで、「手を汚す管理職」という意味だ。この対極が「ハンズ・オフ・マネジャー」、「手を汚さない管理職、綺麗ごとですませる管理職」のことだ。

現場指揮官は、本当のトップではない。上に上司を持ち、下に部下を持つ一種の「ミドル・マネジャー」（中間管理職）である。上に情況報告をし、時には献策・意見具申をし、上層部の情勢判断、政策決定に参与し、決定が下《くだ》り、命令が下ったら、回れ右して部下に自分の受けた命令を執行《しっこう》させるため、現場で指揮命令をする役なのである。その意味で、まさに「ハンズ・オン・マネジャー」であり「プレイング・マネジャー」なのだ。

「ハンズ・オン・マネジャー」は、戦略的思考もできれば、戦術的判断もできる遠視・近視の眼球調節が利《き》く人であることが望ましい。別の言い方をすれば、『〝鳥の目〟と〝虫の目〟を持つ人』であれば、理想的現場指揮官である。

（佐々淳行著『平時の指揮官　有事の指揮官』）

日本ではハンズ・オフ・マネジャー型の管理職をエリートとみなす傾向があるが、アメリカではハンズ・オン・マネジャーを重視し、徹底した現場主義で組織を運営し、現場を経験した人たちが管理職の多くを占《し》めている。

ドラッカーも「十分な仕事を持たないことは、本人のために良くないだけではない。やがて働くことの感覚を忘れ、尊さを忘れる。働くことの尊さを忘れたマネジャーは、組織に害をなす。かくしてマネジャーは、たんなる調整者ではなく、自ら仕事をするプレーイング・マネジャーでなければならない」と言っている。

筆者が防衛大学校を卒業した昭和43（1968）年は、年初から世界中で騒乱が続き、1月にベトナムで「テト攻勢」、フランスの「パリ5月革命」がこれに続き、8月にはソ連東欧5カ国軍が当時のチェコスロバキア全土を占拠して、戦車で自由化・民主化を求める「プラハの春」を弾圧した。

日本国内では学生運動が反米・反基地闘争、ベ平連の反戦平和運動、大学闘争などと連携した政治闘争へと燎原《りょうげん》の火のごとく広がり、10月には「新宿駅騒擾《そうじょう》事件」、翌69年1月に「東大安田講堂攻め」とこれに続く「神田カルチェ・ラタン闘争」が起きている。まさに若者がたぎった時代だった。

自衛隊の治安出動もうわさされ、筆者も戦車小隊長として治安出動訓練に参加したが、国内外情勢に無関心ではおられなかった。佐々は、このような時代に、警備の第一線での指揮経験が豊富で、また「危機管理」の提唱者としても著名である。氏の現場体験に裏づけられた中間指揮官・リーダー像は説得力があり大いに納得できる。

梅原《うめはら》猛《たけし》の道徳心のあるリーダー像

哲学者であり「梅原日本学」といわれる独自の境地を切り開いた梅原猛は、京都の洛南高校付属洛南中学校の3年生に、平成13（2001）年と平成14年の2回にわたって各12時限の授業を行なった。初回が「仏教」、2回目が「道徳」というテーマ。洛南中学校は空海が開いた真言宗の東寺《とうじ》の境内《けいだい》に在る。

梅原は「人間がどう生きたらよいか、なにをしたらよいか、なにをしてはいけないか、そういうことが学校教育で教えられていないんです。これは日本の教育の大きな欠陥です」と、中学生への講義の動機というか危機感を語っている。

梅原の孫の世代にあたる洛南中学校の生徒たちは未来のリーダー予備軍といえよう。その候補生たちに「悩める人を救う利他の精神と、自分も立派な人間になる自利の精神を持って、欲望をおさえ無限の学問を学ぶ、そういう人になっていただきたい」と結論づけて1回目の授業を終えている。

最近はエリートの、日本の社会を左右する立場にある人の犯罪が目立っている。政治家というのは、日本を動かしている人たちでしょう。その政治家がなにをしているか。自分の利益ばかりを図《はか》っているんじゃないか。（中略）日本人全体に道徳性がゆるんでいるんです。日本人全体の道徳心がマヒしている。

日本は今、たいへん危ない。滅ぶんじゃないかと言われていますが、滅ぶとしたらその原因のひとつは、日本人から道徳心が失われていることにあると思います。

（梅原猛著『梅原猛の授業　道徳』）

では、梅原のいう道徳心とは何だったのか？

梅原は「仏教というのはカビ臭いものじゃないんです。自己節調、自己管理の教えです」と生徒に話しかけながら、次のような3つの戒律を強調している。

第1の戒律：**人を殺してはいけない**

第2の戒律：**嘘をついてはいけない**

第3の戒律：**盗みをしてはいけない**

この3つの戒律は、言葉で言えば簡単だが、これらがきちんと守られていない、実行されていないのが、わが国の現状である。

筆者の幼少期、敗戦後の昭和20年代、まだ大家族制の名残があり、「うそつきはどろぼうの始まり」とか「うそをつくと閻魔《えんま》大王に舌をぬかれて地獄に落ちる」など、曾祖母や祖母からくり返し教えられた。一般庶民の家庭でも、道徳の最も基礎の部分が教えられ、子ども心にすりこまれた。

昭和30年代半ば頃から高度成長期が始まり、核家族化が急速に拡大して家庭教育の機会が失われ、学校でも道徳が教えられなくなり、日本人が道徳を身につける機会が失われてしまった。梅原が洛南中学校の3年生に講義した背景には、このような日本の現状に対する危機感があった。

経済学者の森嶋通夫は『なぜ日本は没落するか』で、日本は底辺からよりもむしろ頂点から崩れていく危険が大きいが、そういう事態は、1999年当時の学生や子供たちが社会のトップになった21世紀中頃にやってくるであろう、と警告している。

戦後の過度の平等主義はエリートの存在を否定し、大学進学率が40パーセントを超え、大学はエリートたちの場所ではなくなった。現代は平等主義に報復されている時代ともいえるが、社会の各分野にはそれぞれのエリートが必要なことは当たり前で、資質のある若者をエリートとして育てる寛容さが求められる。

4-2 エリートの育成
――ナポレオンが重視したエリート教育――

リセ（国立中等学校）の創設

1802年にナポレオンが創設したリセは、わが国の旧制中学がモデルとした学校で、将来フランスの指導者として期待するエリートの育成を目的としている。リセ教育はラテン語と数学と哲学に基礎をおき、ナポレオン帝政が終わった1815年でも、フランス全土でわずか36校、就学人数は9000人だった。

リセ創設者ナポレオンは、リセ設立の趣旨を次のように述べ、エリートに求められる基盤となる教養を明らかにしている。

・教育には、厳密にいえば、いくつかの目標がある。人は正確に話すことと書くことを学ぶ必要があり、それは一般的には文法と文学である。リセはこの目標を提供しており、そして修辞学を学んでいない者は十分な教育を受けたとは見なされない。

・16歳でリセを卒業する若者は、母語および古典語の技法だけではなく、弁論術、雄弁術、これらの穏健なまたは熱狂的な使用法を習得しており、端的にいえば生徒はこれらを文学で学ぶ。彼はまた歴史上の主要なできごと、基礎的な地理、および計算法と計測法を理解している。彼は、もっとも顕著な自然現象および固体と流動体にかんする均衡と運動の原理について一般的な常識を身につけている。

(Jay Luvaas 著『Napoleon on the Art of War』)

かつてフランスの植民地であったインドシナ3国（ラオス、ベトナム、カンボジア）にはフランス本国と同様のリセ（現在の高等学校）があり、フランス語でフランス式の教育が行なわれていた。リセ卒業後、エリート階級はフランスへ留学してさらに上位の高等教育を受けた。ラオスやベトナムでは現在もリセが存続しているようで、ナポレオンが創設したリセの広がりと影響力の大きさがうかがわれる。

ちなみに、第1次・第2次インドシナ戦争に勝利してベトナムを統一したホー・チ・ミン大統領と軍事を担当したヴォ・グエン・ザップ将軍は、両者ともにベトナムの古都フエのリセで教育をうけた同窓生だった。

赤いナポレオンと称賛されたヴォ・グエン・ザップ将軍はハノイのリセで歴史を教えていた。彼は正式な軍事教育は受けていないが、山頂へ大砲をかつぎ上げるなど、不可能を可能にした軍神ナポレオンをほうふつさせる。ヴォ・グエン・ザップは独学で軍事を学び、毛沢東《もうたくとう》やナポレオンなどを徹底して研究し、ゲリラ戦などの実戦をつみかさねて、20世紀屈指の名将となった。

エコール・ポリテクニクを砲工学校に衣替えした

ナポレオン自身は、貴族階級の子弟が学ぶ士官養成機関のブリエンヌ幼年学校を経て、パリの王立士官養成学校（歩兵、騎兵、砲兵の候補生500人）に入校、砲兵科候補生として4年間の課程を1年で修了、1785年に16歳で少尉に任官してラ・フェール砲兵連隊に赴任した。当時、砲兵・工兵のような高度の知識と技術が求められる地味な兵科の技術将校は人気がなかったが、ナポレオンは数学が得意で砲兵将校向きだった。

国家統治者ナポレオンは、教育分野でも徹底したエリート主義だった。現代のフランスに受け継がれているリセ（国立中等学校）とエコール・ポリテクニク（陸軍砲工学校）の創設がその代表例といえよう。

軍隊の規模が大きくなり、技術が著《いちじる》しく進歩し、近代戦遂行のために軍事部門における指導者の養成が急務となると、ナポレオンは1794年に国民公会によって創設された高等職業教育機関エコール・ポリテクニクを、砲兵および工兵将校を育成する陸軍砲工学校に衣替えした。

ナポレオンが直接指示した砲工学校規定（1804年6月）によると、砲工学校の修学期間は2年間で、4期各6カ月で履修《りしゅう》するカリキュラムだった。

第1期：歩兵大隊教練、野砲・攻城砲の操砲訓練、砲兵・工兵に必要な知識の習得
第2期：射撃術の完全習得
第3期：水力建築学、民事建築学、軍事建築学、要塞建築等
第4期：火器弾薬、地雷、築城などすべてを復習、砲兵・工兵に必要な教育訓練を完成

エコール・ポリテクニクは、国家に尽くすエリートの育成という原点を維持しながら今日にいたっている。まさに国家100年の大計、軍事を排斥《はいせき》しようとする視野《しや》狭窄《きょうさく》なわ

が国の大学や学界とは雲泥の差がある。
ナポレオンによる開設から152年後、久里浜の仮校舎で防衛大学校が開校した3年後の昭和31(1956)年9月、初代防衛大学校長の槇智雄《まきともお》がパリのカルチェ・ラタンの一角に所在したエコール・ポリテクニクを訪問している。
槇が訪問した当時のエコール・ポリテクニクの学生は、入学とともに、全員志願兵として兵籍に入り、3年間の兵役に服した。2年間は校内居住で学修生活を送り、学業修了時に少尉に任官して1年間部隊勤務。終了後に中尉に昇進して軍に所属するかまたは他官庁に職を得るかが決まり、6年間の義務年限があった。

学校は陸軍に属し、その卒業生は砲工兵科の職種に就くものとするのが、一般の通念となっているが、学校履修者は必ず軍人を職務とすると定まっているのではない。この意味では、学校は軍学校ではない。出身者の行先は独り陸軍に限らず、海空軍はもとより、広く政府官庁の技術職であり、「数学、物理、化学の知識を必要とする」職域とされている。

(槇 智雄著『米・英・仏士官学校歴訪の旅』)

学修生活の2年間は解析、幾何、力学、応用数学、物理、化学、天文、歴史・文学、経済学、建築、外国語などの基礎学を学び、任官後に各種の上級技術学校に進学する。槇が訪問した当時のエコール・ポリテクニクは、ナポレオン時代の砲工学校の面影を残しながら、政府の技術職の人材育成という方向が明確になっていた。

今日では、国防省の管轄を維持しながら、公務の技術者育成という面がより鮮明になっている。

世界的な数学者にして名エッセイストとして知られている岡潔《おかきよし》が随筆『春宵十話《しゅんしょうじゅうわ》』で、フランスでは**高等師範学校と砲工学校の2校だけが学校の名に値する**と断言している。岡は「秀才」ではなくごく少数の「天才」をこの2校に入れて、フランスという国が生き延びようとしている、と砲工学校を高く評価した。

ノブレス・オブリージュを発揮した工兵

ナポレオン時代のフランス軍工兵には土木工兵、地雷工兵、架橋工兵、および地理工兵があり、いずれも専門的な高度の知識と技術が必要とされる職域で、工兵部隊は独立部隊として編成されていた。ただし工兵は独立した兵科ではなく砲兵科の一部門で徒歩砲兵連隊に所属していたが、工兵部隊そのものは砲工学校（エコール・ポリテクニク）を卒業した工兵将校が指揮した。

工兵の仕事を大雑把にいえば、永久橋および半永久橋の建設、および築城と野戦築城に区分される。測量技師は、選《え》り抜きの将校で構成する少数精鋭の独立参謀（専門スタッフ）で、地図の作成および地図に関連する業務に就いた。

ヨーロッパにはライン川、ドナウ川をはじめ大河が多く存在し、工兵の架橋能力が軍隊の移動・機動に決定的な影響を与えた。ナポレオン戦史には、以下に述べるベレジナ川渡河（1812年11月、ロシア遠征の退却時の渡河）のような、フランス軍ポントン橋大隊の献身的な行動が数多く記録されている。

1812年11月25日、モスクワから退却したフランス軍の残兵5万人（非戦闘員も含む）が、氷の浮く激流のベレジナ川にたどりついた。気温は氷点下20度の酷寒で、唯一の橋はロシア軍によって焼却され、周囲には、対岸を含めて、クトゥーゾフ将軍が指揮するロシア軍18万が待ち構えていた。

ステュディアンカ近くで、ナポレオンは工兵隊指揮官のエブレ将軍に対し、氷の浮く川に二脚の橋を架けるよう命じた。その要求は不可能ともいえるものだったが、皇帝に対する崇高な献身から、三〇〇人のフランス人工兵がその命に従った。自殺行為と変わらぬ無上の英雄的行為で、彼らは凍るような流れに入り、ロープで結んだ木の柱を橋げたとして固定していった。橋床には荷馬車の床板や丸太小屋の壁板をはがしたものを使った。三〇〇人の工兵が、流氷や散発的な砲撃をものともせず、凍るような水に首まで浸かって作業を続け、命を捧げた（多くは凍死した）。たいまつの明りを頼りに、彼らは夜を徹して作業をした。あぶなげではあるが木製の橋が形を成していき、一一月二六日昼頃には二脚の橋が川に架けられた。そのときの技術や資材を考えると、奇跡ともいえる芸当であった。

（エリック・ドゥルシュミート著『ウェザー・ファクター』）

このような状況下で、しかも氷点下20度を超える酷寒の現場で、氷の浮くベレジナ川に首までつかっての架橋工事を命じることは、統率の常道から外れている。だが、ナポレオンはこれを断固として命じ、工兵たちはこれに服した。

ナポレオンと工兵隊指揮官エブレ将軍の信頼関係、エブレ将軍と工兵たちの信頼関係、そこには常識をはるかに超越した強い一体感、きずながあった。選ばれた者には責任が伴うという「ノブレス・オブリージュ」の発露だった。

4-3 士官候補生の掟
――ウエスト・ポイントの「名誉規範」――

陸軍士官学校の名誉規範

米国ニューヨーク州ウエスト・ポイントに陸軍士官学校がある。陸軍の将校を育成する学校で、1802年に創設され、数多くの優れた軍人およびリーダーを育て、卒業生から何人もの大統領を出している。士官学校は、傑出したリーダーを輩出するリーダーシップ教育のメッカであるハーバード・ビジネス・スクールと双璧をなす存在として、米国ビジネス界でも重視されている。

陸軍士官学校に「オナー・コード」とよばれる「名誉規範」があり、士官候補生の掟《おきて》

「名誉、義務、祖国」を胸に刻んでパレードする士官候補生。

として、開校以来厳格に守られてきた。掟を破る者は何人《なんぴと》といえども在校を許されず、士官候補生としての身分を剝奪されて放校となる。

士官候補生は、嘘をついたり、人をだましたり、人のものを盗んだりしてはならない。また、そうする者たちを見逃してもいけない。

この名誉規範は一見実行は容易そうだが、これを厳格に守るためには、相当の覚悟と自律心が要求される。特に後半の「また、そうする者たちを見逃してもいけない」というフレーズは、口にするのは簡単だが実行は困難というのが現実だ。

しかしながら、彼らはこの名誉規範を200

年間愚直《ぐちょく》に守り続けた。アメリカ国民が士官学校卒業生に寄せる絶大な信頼感は、ここに淵源《えんげん》する。名誉規範は陸軍士官学校の専有物ではなく、アナポリス海軍兵学校、コロラド・スプリングス空軍士官学校でも、士官候補生の不可侵の掟として遵守《じゅんしゅ》が求められている。

ウエスト・ポイントでは、新入生の最初の2カ月で、恥ずべき行為と規則違反の違いを疑問の余地がないほど徹底して教えこむ。ルール違反はたとえどれだけ深刻なものであっても、名誉を傷つけたとはみなされない。名誉を傷つけた場合、それがいかに些細なものであっても、あるいは自己申告であっても、一律に退学処分になる。

日本には武士道があった

新渡戸稲造《にとべいなぞう》は1899年アメリカで『武士道』を英文で出版し、その序文で「武士道は道徳的原理の掟であり、武士が守るべきことを要求されたもの、もしくは教えられたものである。……一言でいえば武士の掟、すなわち武人階級の身分に伴う義務（ノブレス・オブリージュ）である」と明記している。

武士道は、元来、武家の子どもたちの躾《しつけ》であったが、これが広く庶民の家庭にまで浸透し、日本人の道徳心のバックボーンとなった。戦前のわが国の官吏《かんり》は、武士道の教えが身についており、清廉《せいれん》だったといわれる。

義…武士にとって卑劣な行動、曲がった振る舞いほど忌《い》むべきものはない。

勇…勇とは正しきこと（義）をなすことである。

仁…武士の情け。弱者、劣者、敗者に対する仁は武士の徳として賞賛された。

礼…礼は寛容にして慈悲あり、妬《ねた》まず、誇らず、たかぶらず、非礼を行なわず、己の利を求めず、憤らず、人の悪を思わず。

誠…武士の一言。

名誉…笑われるぞ、体面を汚すぞ、恥ずかしくはないか。

昭和20（1945）年8月の敗戦後、マッカーサー元帥を最高司令官とする日本占領軍の占領政策により、武士道を教えることが禁止され、当時の日本政府はこれを受諾《じゅだく》し、この結果として、今日の日本人に道徳心が欠けているという無惨な状態を迎えたという見方がある。筆者は、これがすべてとは思わないが、日本人の道徳心のバックボーンとして武士道を再評価すべきであると考える。

【明治維新以降の日本の近代化と勃興】に、私は日本国民にとって一つの有利であったことは、封建制度のもとにおいて武士の階級というものがあり、この武士の階級がいわば、国民の背骨をなしておったといえると思います。私も武士の子供ですけれども、武士ばかりが偉いとは言いませんが、しかし武士の階級というものがあって、この背骨があったということは大変好都合であったと思います。

（小泉信三著『任重く道遠し——防衛大学校における講話——』）

経済学者の小泉信三は、防大生への講話（昭和40年12月3日）——日本の昨日、今日、明日——のなかで、侍教育の特徴を2つ指摘している。

「ひとつは忠誠心です。『ロイヤルティー』これは侍というものは主君に忠誠という教えをうけていた。その主君というのは殿さまですが、殿様に対する忠誠から、天皇に対する忠誠、それから国に対する忠誠すなわち侍は国に対する忠誠という心『ロイヤルティー・ツー、ヒズ・カントリー』を特に持った階級であったこと。

もうひとつは、侍の階級というものはもっとも面目をおもんずる階級、廉恥をおもんずる階級、すなわち恥を知るということをおしえられた階級であった」と。

小泉は防衛大学校草創期の恩人で、開校後もしばしば小原台《おばらだい》キャンパスを訪れている。卒業式や記念式典の祝辞、課外講演での講話、新聞・雑誌への寄稿を通じて、防大生に求められる資質を説き、また陸海空の第一線へ旅立つ候補生たちを激励した。筆者も当日の講話を聴講し、強く印象に残っている。「任重く道遠し」とは孔子《こうし》の言葉であるが、今日なお重い響きがある。

新渡戸稲造の『武士道』には江戸時代の儒教思想が入っているが、武士道の源流は、鎌倉武士が自らを律した「名こそ惜しけれ」の精神である。私たちも恥ずかしいことはできないという自己規範を各人で持ちたいものだ。

4-4 崩壊状態の軍隊再生
――コンセプトは「機械よりむしろ理念と人へ」――

米国民には大規模常備軍への嫌悪感がある

米陸軍が過去の戦争の緒戦《ちょせん》で勝利したことは、ごくわずかな例外を除いてほとんどない。このために、湾岸戦争における地上戦での100時間勝利は特に際立っている。米国には伝統的に大規模な常備軍に対する嫌悪感があり、このために主要な戦争が終わるとすみやかに動員を解除することを通例とした。

2度の世界大戦のように勝利の高揚感にひたって戦争が終わった場合も、また朝鮮戦争のように決着のつかない紛争の終結により戦争から解放された場合も、国家は次の戦争は起きないと信じる(期待する)傾向があった。

この結果、軍隊の将来の戦争への備えが劇的に低下し、それは1812年の米英戦争から朝鮮戦争のスミス支隊までほとんど例外がなく、米軍兵士は次の戦争の緒戦で敵に圧倒され、裏をかかれ、そして打ちのめされた。勝利は時間の経過とともに得られるようになったが、この間に支払った血のコストは甚大《じんだい》だった。

ベトナム戦争後、国内のあきらかな反軍ムードにもかかわらず、東西冷戦が大規模な動員の解除を拒《こば》み、米陸軍は自ら革新的な改革プログラムに着手することができた。この改革プログラムの結果、ポストベトナムの米陸軍は過去のいかなる陸軍よりも将来の戦争に十分備えることができた。この新生陸軍が、湾岸戦争の地上戦での100時間勝利の立役者となった。

崩壊状態だった米陸軍の再生を理念と人に託した

マクナマラ国防長官は、ベトナムに地上部隊を投入したのち、1966年初期までに兵員10万人の追加が必要と認め、統合参謀本部議長の同意を得て、陸軍予備・州兵の招集および常備軍の増強を大統領に具申《ぐしん》した。しかしながらジョンソン大統領は一部でも動員すればソ連および中国との危険な対立を招くという理由でこれを拒否、結果的に兵員の増強を新兵の徴集に頼った。

ベトナム戦争時の米軍兵士の中心年齢は19歳、彼らの大半は18歳で徴集されて補充員としてベトナムに送られ、服務期間は12カ月だった。第2次大戦時の26歳と比較するとベトナムに送られた米軍兵士の若さが際立っている。

ベトナム戦争以前も以降も、新兵は部隊に所属して部隊で訓練したのちに戦闘に参加したが、ベトナム戦争では18歳の徴集兵が短期間のローテーションでいきなり個人として補充され、部隊として団結し切磋琢磨《せっさたくま》するいとますらなかった。

戦場では、20歳に満たない戦闘員による「10代の戦争」が常態だった。下士官学校を終えた軍曹も、幹部候補生学校を修了した少尉も、ほとんど実地の経験がないままに戦場に送られた。このような安易なやり方が、結果として米陸軍の団結、規律、士気の崩壊を招いた最大の要因だった。

保守的な性格ゆえに変化に抵抗する傾向がある軍隊にとって、予期しない惨状は、しばしば、軍隊が自らを改革する最も確実な触媒《しょくばい》となる。

1973年3月29日、南ベトナムに駐留していた米軍が撤退を完了。アメリカは米軍の撤退と同時に徴兵制を停止して志願兵制へと移行。制度は変わったが、ベトナム戦争で明らかになった米陸軍の内情は絶望的な状況だった。

1970年代初期、米陸軍は、無気力と退廃と不寛容がはびこるなかで、組織の存続のためだけに陸軍が存在するといった状態だった。在欧陸軍の40パーセントはドラッグ経験

ワシントンD.C.にあるベトナム戦争兵士の像。

者で、その大半はハシシ（大麻の樹脂を固めた麻薬）を常用しており、未成年者の7パーセントがヘロイン中毒だった。西ドイツ駐留軍では犯罪と脱走が際立ち、少なくとも12パーセントの兵士が犯罪者として罪に問われ、兵営には強要と蛮行が横行、黒人と白人の闘争の場となった。

志願兵制に移行した陸軍へ参加を希望したのはごくわずかだった。結果として、陸軍は著しく質の劣る兵士の入隊を余儀なくされた。志願兵の40パーセントは高卒の資格がなく、41パーセントはカテゴリーⅣの知的適性で最低のグループだった。

入隊者の質の低下は、米陸軍に規律と訓練のさらなる低下をもたらした。1973年のハリス世論調査によると、米国民は、尊敬する職業の相対順位で軍人をごみ回収者（清掃員）のわずか上にランクした。このような惨状の中で、心ある将校や下士官たちは、苦境にあえぐ陸軍を自分たちが何とかしなければと考えるようになり、自らの足で将来を切り開くことにかけた。

米軍がベトナムのジャングルで迷走している間にソ連軍は軍備を着々と増強していた。米軍のベトナム撤兵以降、アメリカの内向き政策に乗じてソ連が地球規模で勢力を進出し、米軍が仮想敵と見なしていたソ連軍は兵器数を著しく増加させ、質的にも米軍と対等もしくは優越するようになった。

このような情勢認識のもとで、米陸軍はソ連軍に勝利する切り札は有形資産よりむしろ無形資産にあると見なした。すなわち、兵士個々がその能力のすべてを出しきって戦えるように訓練し、そして攻勢的なドクトリンの再構築を通じて優越した戦闘方式を創造し、有限である兵員数の戦闘能力を完璧なものとすることであった。

かくして、米陸軍は**「マシーンよりはむしろアイディアとピープルへ（機械よりも理念と人へ）」**を改革のコンセプトとして掲げた。このコンセプトに基づく陸軍改革の成果が湾岸戦争の地上戦100時間勝利として開花した。
ポストベトナムの陸軍再生は、おおざっぱにいえば次の5項目に要約できる。

・エアランド・バトル・ドクトリンの開発
・実戦的訓練による指揮官・リーダーの鍛錬
・高等軍事研究院（SAMS）の創設
・下士官教育体系の刷新
・質の高い兵士の採用

「訓練・教義コマンド」は陸軍再生のエンジン

1973年7月1日に創設した「訓練・教義コマンド」（トレーニング・アンド・ドクトリン・コマンド、通称トラドック）の任務は、陸軍の将来像をデザインし、適材を募集して基本教育を行ない、幹部要員（将校・下士官）を育成して、不確実な国際環境のなかで勝利する陸軍へと改革することだった。

バージニア州フォート・ユースティスに創設したトラドックは、およそ5万人の軍人・

文官が所属し、戦闘開発から部隊の編成、教育訓練まで一貫して行なう巨大組織、陸軍再生のエンジンがその役割だった。

初代司令官に就任したウィリアム・デュプイ将軍の強烈な個性が、機構草創期に、訓練、ドクトリン、およびリーダー育成に関する制度大改革の方向を決定づけた。トラドックは実務の第一段階として訓練の抜本的変革へと舵を切り、**「陸軍はあたかも戦場で戦うように訓練すべし」**というシンプルで直接的なスローガンを掲げた。

訓練の変革はまず若手将校を教場の外へ追い出すことから始まり、陸軍はスケジュールありきの画一的訓練すなわち大量生産方式から必要なスキル（戦闘特技）を基準とする訓練へと焦点《しょうてん》を移した。

エアランド・バトル・ドクトリンの開発

ドクトリンは教育訓練の準拠となるだけではなく、いかに戦うかの理念を明らかにするものである。ドクトリンが定められると、戦い方が変わり、それに見合った装備が必要となり、部隊の編成および人材の育成も変化する。

エアランド・バトル・ドクトリンは、中部欧州における遠距離縦深《じゅうしん》攻撃によるワルシヤワ条約機構軍の撃破、すなわち陸戦に勝利することを狙った攻勢的ドクトリンであり、1982年版『オペレーションズ』で採用された。

エアランド・バトルの予想戦場はNBC（核・生物・化学戦）、EW（電子戦）の環境下で、攻撃の深さは150キロにも及ぶ。米陸軍の14個師団を全力展開すると140個大隊（420個中隊）、これらにNATO（北大西洋条約機構）参加国軍が加わると機動部隊の中隊数は1000を超える。

エアランド・バトルの広大な戦場では、各級指揮官は独立的に行動し、全体を俯瞰《ふかん》・洞察しながら独自に状況判断して、全体の目的達成に寄与することが不可欠。ドクトリンが変われば戦い方が変わる。米陸軍はこの変化する部分を「フットボール方式からサッカー方式へ」という理解しやすいメタファー（隠喩）で表現した。米軍（アメリカ人）は一体にメタファーの使い方が的確で感心させられる。

エアランド・バトルの戦場では、中隊長はサッカー選手のように独自に状況判断して行動し、全体に寄与できなければならない。米陸軍はフットボールのような型にはまった指揮のやり方を抜本的に改めたのである。

米陸軍はエアランド・バトル・ドクトリンのもとで近代軍の再建につとめたが、ベルリンの壁崩壊（1989年11月9日）、東西冷戦終結（1989年12月2〜3日のマルタ会談）により、東ヨーロッパにおいてソ連軍と直接戦火を交える機会はなくなった。

中部欧州でのソ連軍との決戦に勝利することをイメージした米陸軍の近代化がほぼ完了した時期に湾岸戦争が勃発《ぼっぱつ》（1990年8月）した。ソ連軍型編成・装備のイラク軍との100時間戦争（「砂漠の嵐作戦」、1991年2月〜3月）は、エアランド・バトル・ドクトリンによる勝つべくして勝った戦いであった。

実戦的訓練により指揮官・リーダーを鍛《きた》える

1980年10月、米陸軍はカリフォルニア州フォート・アーウィンにナショナル・トレーニング・センター（NTC）を開設した。センターは海抜750メートル、面積2600平方キロ（神奈川県とほぼ同じ）、砂漠地帯にある。

広大な演習場の全域を使用して、戦車大隊や機械化歩兵大隊は対抗部隊（OPFOR、以下オプフォーと略称）の自動車化狙撃大隊や戦車大隊と対抗方式で訓練を行ない、エアランド・バトルの戦い方を部隊として演練する。大隊同士が数日間接敵行軍してもすれちがうこともあるといわれるくらい演習場は広大だ。

実戦的訓練というかけ声は古今東西にあるが、「弾《たま》は空砲、敵は友軍」というのが現実である。米陸軍が観念論を打破して、真の意味の実戦的訓練を可能にしたのがマイルズ（MILES）でありオプフォー（OPFOR）だった。

空砲の代わりにマイルズ（多目的統合レーザー交戦システム）が登場した。

レーザーを小銃から戦車までのすべての武器に装着し、命中（被弾状況）が記録できるレーザー感知標的と組み合わせ、すべての部隊、車両、および個々の兵士を追跡し、それらの一部始終をマスター・コンピューターに統合できる機器システムを工夫し、最先端科学テクノロジーのかたまりであるビデオカメラと多目的モニタリング基地で、訓練全体のシステムを構成した。

NTCでの訓練に参加する部隊は、オプフォーという名の仮設敵2個大隊と対抗方式で交戦する。オプフォーはそれぞれソ連地上軍（当時）の自動車化狙撃大隊および戦車大隊に酷似《こくじ》しているのが特色で、ソ連製の戦車、米軍の改造戦車（外見はソ連戦車に類似）などを装備し、あたかもソ連軍のように行動した。

米陸軍は、第4次中東戦争（1973年10月）でイスラエル軍が鹵獲《ろかく》したT‐62戦車、BMP歩兵戦闘車などの実車を大量に購入して、これらでオプフォーを編成した。オプフォーの連隊は、米軍戦術ではなく、完璧にソ連軍戦術を駆使して冷血無比で情け容赦がなく、未熟な米軍指揮官に連日鉄槌《てっつい》を下した。

指揮官・リーダーの鍛錬は、アフター・アクション・レビュー（AAR）——訓練終了後の復習——に象徴されている。ＡＡＲこそがナショナル・トレーニング・センターにおける訓練近代化のシンボルといっても過言ではない。

マイルズを使用した戦闘のあとに、評価される部隊の指揮官は、ＡＡＲのプレイバックで自分たちの行動を見るという過酷な現実に直面した。レビューの実施は、おそらく他のどのような訓練よりも、陸軍の実戦的訓練を具現したものだった。

各指揮官は次から次へと車両が撃破されるビデオを黙々と見つめ、審判官が、オプフォーがどのように自分たちの部隊を撃破したかを冷静に説明するのを聞いた。撃破された部隊は必ずしも練度が低いわけではなく、オプフォーが強すぎたのだ。ＡＡＲはすべての指揮官・リーダーに戦闘の厳しさを単刀直入に叩き込んだ。

新しい訓練の成果は、1991年の「砂漠の嵐」作戦やその後の戦いで実証された。実戦後、ＮＴＣの訓練経験を持つ士官や兵士から、実戦のニーズをきわめてよく満たす訓練だったと報告があったのだ。NTCにおける訓練があったからこそ、イラク軍に直面したとき圧倒的優位で戦いが進められたと言えるだろう。

（コリン・パウエル著『リーダーを目指す人の心得』）

10年間におよぶナショナル・トレーニング・センターや統合訓練センター（アーカンソー州フォート・チャフィー）、戦闘機動訓練センター（ドイツ・フォーフェンフェル）への参加は、野戦指揮官たちに戦闘に備えた実戦的訓練への強固な執着心を植え付けた。米陸軍はローテーションごとに血を流すことなくより高いレベルに到達した。

高等軍事研究院（SAMS）の創設

1982年版『オペレーションズ』が、戦争レベルの中間段階として「作戦レベル」を導入したことは既に述べた。教令の改訂版を編纂《へんさん》している時期に、指揮幕僚大学の校長だったウィリアム・リチャードソン将軍は、陸軍の将校教育システムが作戦レベルの複雑性に見合った学問的な場を提供できていない、との忸怩《じくじ》たる思いを抱えていた。

リチャードソン校長は、作戦レベルの教育の具体案として、1981年に**大学院に相当**

する高等軍事研究院（SAMS）の創設を提案した。コンセプトは、指揮幕僚課程（CGSC）の1年修了者から50人程度の学生を選抜して、「作戦術（オペレーショナル・アート）」のあらゆる分野の問題に対応できる教育の場を提供することだった。

選抜された学生は、戦史の読破、コンピューター・ウォー・ゲームの実施、および広範囲の論文作成の集中講座により作戦術を精力的に研究し、教場では同僚や教官を交えて徹底的な討議を行なう。1983年6月に始まった1年間の高等軍事研究課程（AMSP）は、学生たちが自《みずか》ら「アカデミックなレンジャー課程」と揶揄したように、きわめて知的にハードなプログラムだった。

湾岸戦争が防勢から攻勢に移転した1990年9月初旬、シュワルツコフ最高司令官は「新しい作戦計画班」の設置を参謀本部に要望した。参謀総長ヴオーノ大将は、サウジアラビアには日々の業務から切り離してより概念的に思考できる幕僚グループが必要であることを認め、この目的のために、SAMS修了者の配置を提案し、シュワルツコフ将軍はこの提案に即座に同意した。

そして、SAMSの卒業生によって「砂漠の嵐作戦」が策定されることになる。

ジョー・パービス中佐はハワイの太平洋軍統合幕僚から、クレッグ・エッケルト少佐はコロラド州フォート・カーソンの第4歩兵師団訓練将校から、ダン・ロー少佐は在独第8歩兵師団第708支援大隊副大隊長から、ビル・ペニーパッカー少佐はカンザス州フォート・リリーの第1歩兵師団第1旅団幕僚から、それぞれ抜擢された。選ばれた4人の少壮幕僚は映画『スター・ウォーズ』にちなんで〝ジェダイの騎士〟と呼ばれた。

パービス中佐のグループ（作戦計画班）は、サウジアラビアの首都リヤドにある中央軍司令部のトップシークレット・コーナーを仕事場として、「砂漠の嵐作戦」全般計画の核心となる部分を策定した。パービスの幕僚グループは、同じような特技と経験を持つ将校集団を代表していた。パービス中佐と3人の少佐は、間違いなく、1990年9月にホット・シートに配置された幕僚将校だった。

下士官教育体系の刷新

米陸軍は軍曹が陸軍の背骨であることを自覚し、伝統的に下士官に多大の責任と権限を与えてきた。しかしながら、10年におよぶベトナム戦争は下士官団に物理的に、倫理的に、そして心理的に、他のいかなる公共団体以上にダメージを与えた。ベトナムでの絶え間のないおぞましい戦闘の連続が若い下士官を傷つけた。

ベトナム戦争で下士官団が、ほとんど壊滅した事態に直面して、米陸軍は下士官をどのようにして育成するかを細部にわたり検討した。下士官の訓練および選抜システムの研究成果に基づくコンセプトは、四段階の教育訓練の必要性だった。

基礎段階は下士官学校（ノンコミッションド・オフィサーズ・アカデミー）。初級および上級段階は選定委員会が選抜、入校者は強力なリーダーシップと訓練評価のバランスがとれた高いスキル（特技）の習得が条件。4番目で最高段階は上級曹長《そうちょう》学校（サージャント・メイジャー・アカデミー）で1972年にテキサス州フォート・ブリスに創設された。

米陸軍の下士官（ノンコミッションド・オフィサー）は、大統領の分身として指揮系統にしたがって命令・任務を遂行する将校（コミッションド・オフィサー）に対して援助、助言、補佐する役割を担っている。

将校が部隊を指揮し、下士官が部隊の基盤となる下士官・兵を訓練し規律を維持する。下士官は将校の命令を単純に実行する手足としてではなく、軍隊のエキスパートとしての明確な責任と権限が与えられている。

米陸軍の下士官に対する信頼の証《あかし》であるが、米陸軍は選抜した下士官の適任者を下士官学校・上級曹長学校の校長およびスタッフ・教官として補職している。すなわち、下士官の教育が下士官に任されているということ。自衛隊はじめ世界中の軍隊でこのような例は寡聞《かぶん》にして知らない。

「Be All You Can Be」キャンペーン

すでに述べたように、ベトナム戦争後の兵士の質は最低だった。この状態を脱するために、募集コマンド司令官サーマン少将は、入隊させるのはベストの兵士だけという唯一の選択肢をひっさげてその職務をスタートした。彼は長期勤務の募集専門官に代えて、第一線の将校・下士官に短期間の特別任務を与えた。

特別任務を与えられた彼らの仕事は、将来自分たちが訓練する同一兵士を募集することだった。募集の主戦場は市街地から高校のキャンパスへと変わった。高校生の募集はより困難だったが、調査研究によると、高等学校卒業証書は兵士としての将来の成功を約束する最も信頼できる証明書だった。

「Be All You Can Be――君のすべてを出しきるために」キャンペーン――募兵スローガンはサーマン少将が生みの親だった――は、すぐさまアメリカの若者たちに浸透《しんとう》して彼らの共感を得た。積極的なイメージ戦略と陸軍内の生活の質が改善されたおかげで、米陸軍兵士のイメージは、徴兵制陸軍から、面倒見のよい、挑戦的な、そしてハイテク装備の志願兵制陸軍という新しいイメージへと受け継がれた。

陸軍の新兵募集は必ずしも順風満帆《じゅんぷうまんぱん》ではなかったが、社会の陸軍への好意的イメージの向上と足なみをそろえて、若い男女兵士の質も徐々に向上した。1991年までに応募者の98パーセント以上が高卒者、その75パーセントが上位の精神カテゴリー、最低レベルは1パーセント以下になった。

質の向上につれて、名簿から恒常的に存在した規律違反者が消えた。脱走および無断欠勤は80パーセント、軍法会議は64パーセント低下した。麻薬中毒患者の数は1979年の25パーセ

神奈川県に匹敵する面積を持つ NTC での訓練風景。(写真：米国防総省)

ントから、10年後には1パーセント以下に低下した。

陸軍の研究により、最良の兵士を入隊させるために最も必要なことは、大学進学の資金であることが分かった。連邦議会が復員兵援護法（G・I・ビル）を再開し、大学奨学基金（アーミー・カレッジ・ファンド）を開始すると、兵士の質のギャップが埋まり始めた。少なくとも41パーセントが大学奨学基金に登録した。

G・I・ビルは第2次世界大戦末期の1944年に制定され、その社会的影響は革命的だった。G・I・ビルには、第2次世界大戦からの復員兵が、認定を受けている高等教育機関に通学するための補助金のほか職業訓練を受けるための受講料や持ち家奨励金が盛りこまれていた。これがポストベトナム戦争で復活し、質の高い兵士の採用に著しく貢献した。

国家・国民の安全に直接寄与する軍人という職業、働きがいのある魅力的な職場、またそれに見合った報酬（G・I・ビルなど）が若者を軍隊に引き付け、質の高い若者が陸軍を目指すようになった。

4-5 自分をかえりみるチェックリスト

――『こんな幹部は辞表を書け』の衝撃――

胸にぐさりと突き刺さるタイトル

筆者の手元に昭和43（1968）年発行のすりきれた『こんな幹部は辞表を書け』（畠山芳雄著、日本能率協会発行）がある。20代半ばの新品小隊長時代に、幹部教育の参考書として購入させられ、以降、ポストが代わるたびに「辞表を書かなくてもよいように」との思いをこめて読み重ねてきた。著者の畠山芳雄《はたけやまよしお》は陸軍経理学校本科を卒業し、戦後は経営コンサルタント、企業幹部として活躍した人物である。

当時の筆者は24歳、部下を15人持つ戦車小隊長だった。防衛大学校卒業後に幹部候補生学校で6カ月、富士学校機甲科部で戦車小隊長の教育を8カ月受けたのちに戦車小隊長として原隊に復帰したばかり。小隊長として必要な知識はそれなりに習得していたが、部隊勤務の経験はゼロ、しかも部下の大半は年上だった。小なりといえども、小隊のリーダーであり、部下の前に立たなければならない。

幹部は、社会のいろいろな集団のなかで、指導者としての地位を占めている。企業での経営者や部課係長、職班長はむろんのこと、それは官庁、公社公団、地方自治体、病院、学校から労働組合や各種の団体など、すべての組織のなかに存在し、そして〝人を動かして仕事をする〟点で、共通した活動を行なっている。組織の命運は、よくも悪くもこれらの幹部の手に握られているわけである。

（畠山芳雄著『こんな幹部は辞表を書け』）

部下を持つ幹部、戦車部隊の初級幹部としてのあり方を模索しているときに『こんな幹部は辞表を書け』と出会い、そのタイトルにショックを受けた。以降、自分をかえりみるチェックリストとして活用している。特に強く印象に残っている内容を2、3紹介して読者諸兄姉《けいし》の参考に供したい。

「できない」は幹部の禁句

組織であれ個人であれ、私たちがある問題にぶつかったとき、直感的に「できない」、

「ムリだ」と決めつけ、その理由を次々と列挙することが多い。現実には、既定路線や前例とぶつかる問題を解決するためには大変なエネルギーが必要、このわずらわしさを避けるための決まり文句が「できない」という言葉だ。

ふつう社内で、それができるか、できないかが論議される問題というのは、以上の三つ、つまり、

今までの方法では、〝できない〟
今すぐには、〝できない〟、
自分ひとりでは、〝できない〟

かの、何れかのなかに全部はいってしまう。これ以外の「できない」は、現実的なビジネスのなかでは、ほとんど出てこないといってよい。

（『こんな幹部は辞表を書け』）

今までの方法ではできないのであれば、別のやり方、違う方法を見つける。既成概念や固定観念にとらわれていると思考停止に陥ってしまう。ワクから飛び出す勇気、柔軟な思

考、突飛な発想が求められる。徹底して考える、脳にいっぱい汗をかく、幹部の真骨頂が問われる場面だ。

今すぐにはできないのであれば、いつならできるのか、そのためには今何をすべきか、オール・オア・ナッシング的思考をやめて、実現の可能性があるのであれば、1パーセントでも2パーセントでも先行して手を打つことが肝要。

自分ひとりではできないのであれば、誰と組むか、誰の助けを求めるか、同僚か、上司か、他部署の人か、あるいは部外の人か。何でも自分がやるという固定観念を捨てると仕事の視野が広がってくる。

畠山は〝できない〟ということは「何とかやらないで済まそうという自分の潜在願望による、一種の自己催眠といってもよい」と断じている。筆者は「できないは幹部の禁句」を自分自身への戒《いまし》めとして、行《ぎょう》住《じゅう》坐《ざ》臥《が》いつでも意識するようにした。階級や地位が上がり部隊や部下を指導する立場になると、部下の指導や自分自身へのチェックリストとして最大限活用した。

戦術は軍人（自衛官）の表芸といわれる。つらつら思うに戦術は3つの〝できない〟を克服するアートでもある。当時の筆者は、新品小隊長として初級戦術の取得が必須であり、それだけに強く印象に残ったといえよう。

〝できない〟理由をいくら列挙しても、それは時間の無駄であり、何らのプラスアルファーをもたらすものではない。とはいえ、政治の世界でもマスコミの世界でも、そして私たちの身近なコミュニティーでも、〝できない〟理由を列挙する光景がしばしば見られることもまた事実である。

〝育て上手〟といわれる幹部

幹部には部下の育成という責任がある。とはいえ、初級幹部時代は部下の育成という余裕はなく、何はさておき自らの成長が最優先、ある程度の年齢・経験を重ねてはじめて意識も部下の育成に向かう。若手幹部は先輩のうしろ姿を見て学び、また上司の指導を受けて学べばよいが、40歳前後になると自らが指導者であり教育者であることをいやおうなく自覚させられる。

筆者は42歳で隊員500人、戦車74両などを管理する戦車大隊長に補職され、部下（中隊長、幕僚、若手幹部など）を指導し、後進を育てることの重要性を痛感した。平時でも戦車大隊という大きな組織の人事、総務、情報、教育、訓練、後方関係、部外協力（警備隊区との関係）など一切合財が大隊長の肩にかかってくる。
戦車大隊に関するすべてが大隊長の責任であることは言うまでもないが、大隊長がすべてを処理できるわけではない。大隊長の業務を補佐するために担当幕僚が配置され、実行部隊を指揮するために中隊長および小隊長（偵察小隊、通信小隊、補給小隊、衛生小隊など）が配置されている。ここで、大隊長自ら行なうことと幕僚・中隊長に任せる範囲の明確な線引きが必要となる。

仕事も切れるし、部下を育てるのもうまいという人も、現実に随分ある。この種の人は、部下にやってもらうことと、自分で処理しなければならぬこととの境界線を、綿密に見定めている点に特徴があり、ある面で気が長く、ある面でスピーディな処理と自分を冷静に使いわけている。

育て上手かどうかは、日常の部下との接触のチャンスを、どれだけ教育的に活用しているかで決まる。仕事が５割、育成が５割と考えねばならない。

（『こんな幹部は辞表を書け』）

筆者も現役時代に多くの上司に仕えたが、そのなかにはナポレオン流の上司も含まれる。くだんの上司は頭の切れが抜群で、人間的にも素晴らしかったが、部下に任せることをせず、何でも自分で直接処理することに固執した。反面教師というメリット（？）もあるが、このような上司のもとでは部下は育たない。

筆者のような凡人でも、部下を信頼して任せると、仕事はスムーズに進むことは間違いない。自分でやることと任せることの境界線に関して、筆者は「一番いやな正面には自ら立つ」ことを唯一の原則とした。トップが個室を与えられ、あげ膳すえ膳でたてまつられるのは、危機時に最前線で矢面に立ってくれるとの期待があるからだ。この期待を裏切ってはいけない。

過保護型の幹部

何でも教えたがり細部まで具体的に指示したがる「教育ママ」のようなリーダーがいる。このようなリーダーのもとでは部下は育たず、部下を単純なロボットに仕立てるだけであり、部下の成長にはつながらない。

筆者がセコム研修部で勤務しているとき、ある中堅幹部から「自衛隊出身者は規律心があり、やれと命じたことを完全にやるのできわめて頼もしい。だが、部下を持つようになると、自分で考え、部下を使ってうまく仕事ができない」という趣旨の評価を聞き、納得すると同時に反省させられた。

自衛隊出身者とは数年の任期を終えて警備員として入社した任期制隊員のこと、すなわち曹（下士官）の下位に位置する階級だった若者たちである。彼らは自衛隊という組織の中で団体生活を送り、規律心を身につけ、命令を忠実に実行する習慣が身についており、会社ではこの面を高く評価していた。

だが、彼らが数人の部下を持つリーダーの立場に立つと途端に仕事ができなくなるという評価は、いずれ社会に復帰する任期制隊員の教育・訓練に欠落があることを示している、と筆者には忸怩たる思いがよぎった。忠実な実行者を育てるとともに、小さな単位であってもリーダーとしての資質が鍛えられるような、社会復帰後に役立つ教育・訓練が不足していた、と痛切に反省させられた。

自分を伸ばすのは自分しかない

自分の成長や変化は、①意識的努力によって自ら成長・変化する場合、②他動的に新環境に放り込まれて成長・変化する場合のいずれかである。現実には、①は息の長い努力が必要で、人事異動という形式の②の場合が大半である。

成長循環路線に乗っている人とは、

1　まず、絶えず未経験の問題にぶつかり
2　これを回避せずに正面から取り組み
3　これを曲りなりにも達成し、あるいは事態を切り抜け
4　これによって、達成の喜びとともに自信を深め
5　さらに未経験の問題にぶつかってゆく

（『こんな幹部は辞表を書け』）

「能力の向上」と軽くいうが、「能力の向上」とは今まで出来たことが一段とうまくできることではなく、今までできなかったことができるようになること。このことは、未経験

の問題にぶつかり、四苦八苦しなければ達成できない。成長路線に乗るとは、他動的に未経験の部署に配置されることと重なる。

筆者は防衛大学校卒業後、陸上自衛隊で32年間勤務し、この間に16回転勤した。いずれも人事異動で新しい部署に配置され、未知の問題に取り組むことになった。このことは個人として希望したわけではないが、結果的にはどんな部署でも、どんな仕事でもやれるという自信が持てるようになった。家庭の問題などを考えるとマイナス面がないとは言えないが、個人としては大いに感謝している。

経験的にも言えるが、あるポストに配置されると、最初の1年ないし1年半は、必死に仕事に取り組むので能力はドンドン向上する。2年目頃ピークに達し、仕事は高いレベルで行なえるがやがてマンネリに陥る。というわけで、2年サイクルがベストで長くても3年が限度ではなかろうか。

上司の立場では、仕事のできるベテランをいつまでも手元におきたいが、優秀な人材を塩漬けにして部下の成長をストップさせることになる。とはいえ、転勤を伴う人事異動を全員に適用することは不可能であり、何らかの形で2年ないし3年くらいのサイクルで新しい仕事に挑戦できる環境を作ってやることが、部下を持つ幹部の義務である。

第5章 指揮と通信の変遷

ITが全世界を一枚のネットにつなぎ合わせた今日、戦争に組み込まれる要素はこれまでの戦争よりはるかに多くなっている。各種の要素の絡み合いと、それが戦争に及ぼす影響はかつてないほど緊密になっており、一つの環節でコントロールを失うと、一個の蹄鉄《ていてつ》をなくしたように、戦争全体を（敗北によって）失ってしまう可能性がある。

喬良・王湘穂著『超限戦』

5-1 通信システムとは？
――ニューロン&シナプスを構成――

頭脳と筋肉を一体化

誰もがスマホを持っている時代だが、固定電話をこわがって手を出さない新入社員がいると聞く。また公衆電話の使い方を知らない子どももいるようだ。生まれたときからICT（情報通信技術）が身近にある世代は、マニュアル機器をあつかうのが苦手ということか……。

近代的な軍隊でも、逆の意味で、同様の話がある。

筆者のような戦車兵上がりは、新品小隊長時代から自ら通信機を操作して送・受信することに慣れているが、兵種によっては、指揮官が送受話器を取らず、通信手を介して間接的に通信する傾向が見られる。「砂漠の嵐作戦」の100時間戦争（1991年2月）に圧勝した近代的な米陸軍でさえ、このような傾向が見られた。

多くの第一線古参指揮官は、心情的に、30年前のFM通信機を使って通信手に送信させるというイメージ、また運用下士官に彼らの祖父が行ったようにオーバーレイにグリース鉛筆で描かせるというイメージを残していた。

（米陸軍公刊戦史『Certain Victory』）

現代の指揮・統制・通信テクノロジーは、野戦軍の頭脳（司令部の指揮統制機能）と筋肉（機動部隊の動き）とを一体化して作戦の敏捷性《びんしょう》（アジリティ）を可能にする「ニューロン&シナプス（情報処理、情報伝達および伝達回路）」を構成している。

神経細胞がニューロンであり、神経細胞をつなぐ部位・回路がシナプスである。ニューロンである各級司令部と指揮下の部隊をつなぐのがシナプスで、ICTの驚異的な進歩により頭脳と筋肉の一体化がすさまじいスピードで進んでいる。

米陸軍が湾岸戦争（1990年8月～91年3月）で使用した指揮および統制機構は、本来ヨーロッパ防衛用のデザインだが、動きの速い、連続した、全天候型地上作戦でもうまく機能した。連続した速いペースの攻勢作戦に適応するためには、指揮所および作戦幕僚は贅肉《ぜいにく》を削《そ》ぎ落としてより機敏に動けなければならない。

湾岸戦争の舞台となった砂漠地形での攻撃には広大な正面、長大な機動縦深《じゅうしん》、および驚異的急テンポの動きという特性があり、部隊は動きながら常時通信を確保することが困難である。主攻撃部隊の第7軍団は攻撃（移動）しながら敵との接触の維持、つまり敵情の常時把握に支障があった。

この問題はミッション・コマンドの徹底、すなわち指揮下部隊各級指揮官が軍団長の企《き》図《と》を完全に理解していたために自主独立的に行動できた。また、新装備の戦術衛星通信端末（トロージャン）の直前到着によりある程度相殺《そうさい》できた。

戦場における指揮官および部隊は、作戦・戦闘につきものの摩擦《まさつ》および混乱を克服できるように敏捷であることが不可欠だ。敏捷性とは物理的・精神的に敵以上によりすばやく変化できることである。摩擦すなわち敵との戦闘による部隊の損耗を克服するためには、指揮官は継続的に戦場の状況を読み、すばやく決断し、そして遅疑《ちぎ》逡巡《しゅんじゅん》することなく行動しなければならない。

古来、通信は指揮の命脈といわれ、野戦軍の頭脳と筋肉を一体化させるために不可欠であり、これは将来も変わらない。以下、視覚通信、有線通信、無線通信、およびデジタル通信が指揮にどのように影響を及ぼしたかをたどってみよう。

5-2 視覚通信の時代
――ナポレオンはテレグラフ信号通信を活用した――

ナポレオンの画期的な通信手段

ナポレオンが、イギリス、プロイセンなどの連合軍と戦ったワーテルロー会戦で敗北し、大西洋の孤島セントヘレナに流刑されたのが１８１５年。つまり、ナポレオンが活躍した18世紀末から19世紀初頭は、モールスが電信を発明（１８３７年）する以前の世界である。

軍隊の指揮イコール通信といわれるが、電信以前の時代に、ナポレオンはグランド・アルメ（大陸軍）と称した欧州最強の軍隊をどのように指揮したのだろうか？

ナポレオンが活躍する以前の情報伝達のスピードは、人や馬の脚力しだいといっても過言ではない。ナポレオンがヨーロッパ全域に覇《は》をとなえた背景には、人や馬の脚力にプラスして画期的な通信手段の出現があった。

1809年のラティスボン（レーゲンスブルク）におけるナポレオンの驚異的な勝利は、陸軍司令部とパリの間に設置されていたテレグラフ信号のおかげだった。オーストリア軍（カール大公）が、バイエルンへ侵攻して駐留フランス軍を撃破するという企図で、ブラウナムでイン川を渡河したとき、ナポレオンはなおパリに居た。700マイル（約1100キロ）の遠方で起きていることを、ナポレオンは24時間以内に情報を得てただちにパリを出発、1週間後にラティスボンの城壁下で2つの勝利を獲得した。もしテレグラフ信号がなかったならば、ナポレオンはこの会戦を失っていたであろう。

（ジョミニ著『The Art of War』）

この時期、ナポレオンは東奔西走《とうほんせいそう》で、1808年12月4日マドリードを占領したのち、スペイン北部を4分割して軍政を敷くべく奔走していた。ナポレオンのパリ不在に乗じて1809年1月2日にパリで陰謀があり、これを承知したナポレオンは1月23日にパリに急きょ帰着した。同じ頃、オーストリアのカール大公は南ドイツ（現バイエルン州）への侵入を企図していた。

4月10日、オーストリア軍6個軍団12万５０００人がイン川を渡河して侵攻を開始した。この情報がパリに届いたのが12日午前8時、ナポレオンは翌13日午前4時にパリを出発し、16日午前3時にルートウィヒスブルグ（シュトゥットガルト市の12キロ北）、17日午前2時にドナウウェールトに到着。カール大公にとって、このようなナポレオンの時間と空間を超えた行動は、まさに想像を超えていた。

では、ナポレオンは、なぜ、カール大公の動きを知りえたのか？

パリのナポレオンの司令部（メゾン）とストラスブールに置かれている陸軍司令部（参謀長のベェルティエが駐在）との間にテレグラフ信号通信回線が構成されており、昼間で視界が良ければ、暗号化したメッセージを最速6分間で送ることができた。ナポレオンの指示を受信したベェルティエ参謀長は、南ドイツの各地に駐留している各軍団長にナポレオンの指示を騎馬伝令で伝えた。

当時、ナポレオンはオーストリア軍の南ドイツへの侵攻を予期し、ベェルティエ参謀長を通じて対処方針を各軍団長に内示していたので、各軍団長は騎兵斥候《せっこう》などを要所に配置してオーストリア軍の動向を常時監視していた。

したがって、カール大公が指揮するオーストリア軍6個軍団12万５０００人が、4月10

日にイン川を渡河して侵攻を開始したという情報は、最速の騎馬伝令によって11日にはストラスブールの陸軍司令部に届き、テレグラフ通信は夜間の使用ができないので、情報は12日の夜明けとともにパリへ届いた。

パリ〜ストラスブール間は約400キロ（東京〜名古屋）で、軍事郵便で2日の距離。もしテレグラフ通信回線がなかったならば、オーストリア軍イン川渡河の情報がパリに届くためには、最速でも5日前後かかったであろう。

つまり、ナポレオンにとって最優先すべき戦略情報（オーストリア軍の侵攻開始時期）が、敵の予想をはるかに超えたスピードで届いたために、ナポレオンはカール大公を時間的・空間的に奇襲することができた。**テレグラフ通信による戦略情報の速達がナポレオンの即断即決の基盤となり、会戦に勝利をもたらしたのだ。**

テレグラフ信号通信とは何か？

今日のテレグラフとは電信、電報のことだが、ナポレオン1世当時のテレグラフとは「セマフォア」とよばれた腕木通信のこと。

当時、フランスの主要都市間の通信は有人のセマフォア信号塔（腕木塔）で暗号化した

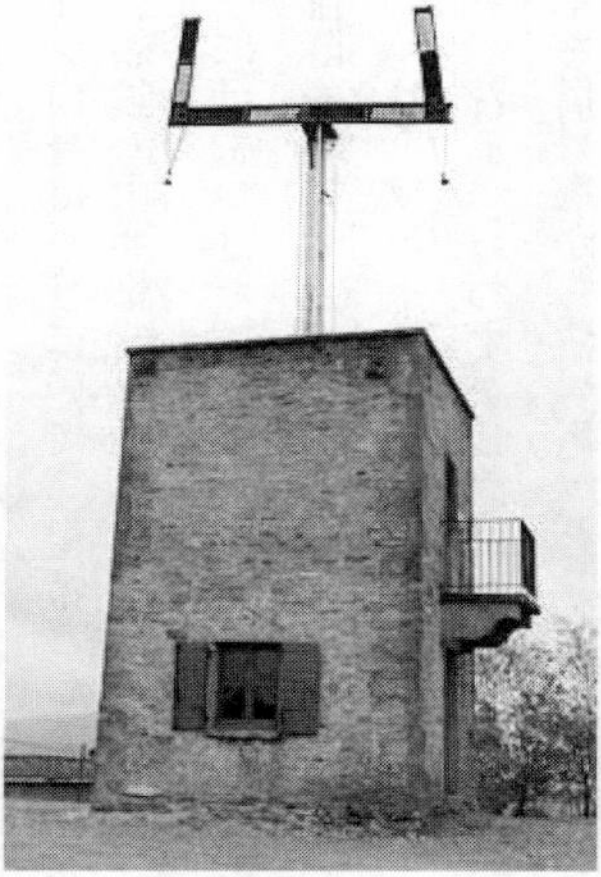

腕木通信と内部構造のイラスト。（写真協力：中野明氏）

メッセージを中継した。もうひとつの通信手段が軍事郵便である。具体的には、軍隊がパリとの連絡を主任務とする騎馬伝令による中継システムだ。

腕木通信は電気式信号ではなく機械式の手旗信号で、メッセージを信号塔から信号塔へと次々にリレーする。これが成り立つためには、となりの信号塔を望遠鏡で視認できるという絶対的な条件があり、したがって夜間、雨、霧などの視界不良時には通信できなかった。

なぜ、このような腕木通信がフランスで発展したのか？

皇帝に即位したナポレオンは、イギリス侵攻のためにドーバー海峡に近いブローニュに10万人をはるかに超える大軍を集結させ、訓練しながら侵攻準備を行なった。ナポレオン自身はパリにいて、皇帝として国政全般を見ながら侵攻の時期を探《さぐ》っていたが、パリと現地軍司令部を最短時間で結ぶ手段として、テレグラフ信号通信という画期的な通信手段に目をつけた。ナポレオンはこのような通信システムを駆使してパリからブローニュの部隊を指揮した。

パリ〜ブローニュ間304キロにテレグラフ信号通信網が完成したのが1803年11月、着工からわずか3カ月間という驚異的なスピードだった。パリで発した暗号化した文章を信号塔から信号塔へとリレーして、8〜9分後にブローニュに届くという当時としては圧倒的な通信速度だった。

では、どのようにしてメッセージを送ったのか？

図のように、セマフォア信号塔の上に突き出した3本の腕木の形で文字や数字などを表し、これを組みたてて文章とする。そして、受信した信号塔は同じ文章を次の信号塔に送り、これを目標地の信号塔まで反復する。

信号塔は8〜15キロの間隔で見通しのよい場所に設置され、2人の通信手が日の出から日没まで常駐した。1人が望遠鏡で信号を確認し、もう1人が腕木を操作した。当時の望遠鏡は高性能となり、長さ90～135センチで、倍率は40～60倍にも達していた。

5-3 有線通信の時代
――西南戦争で有線電信が本格的に使用された――

わが国の電信の発達

わが国に初めて電信機が伝わったのは嘉永《かえい》7（1854）年ペリー提督2度目の来航時である。この電信機がモールスの電信機だった。翌年7月2日、わが国で初めてモールス符号によるカナモジ送受信の実験が行なわれた。

明治2（1869）年12月25日、東京・横浜間で一般電報が扱われるようになり、明治4年11月に東京と長崎を結ぶ架線工事が始まり、明治6年4月には東京から長崎まで1430キロの電信が開通した。明治8年3月、電信線は佐賀から分かれて、久留米経由で熊本に達し、3月20日熊本分局、7月1日久留米分局が開局した。

つまり西南戦争勃発《ぼっぱつ》2年前には、九州の最要点である熊本まで幹線通信網がすでに延伸され、有線電信により政府と出先機関がまさに時間単位でつながっていた。電信の最大の利点は、電報でリアル・タイムに近い時間で情報を送り、または入手し、意思決定して、ただちに命令指示が発出できることである。

当時の電信は工部省（後の逓信省ほか）の管轄だが、陸軍においては軍事電信（軍電）を設け、主として旅団以上が利用した。西南戦争では、工部省の幹線通信網と軍事電信が緊密に連携して、電信の威力をいかんなく発揮した。西南戦争の開戦により九州の電信線は戦線の移動に合わせて南へ延び、工部省管轄の幹線（主として征討本営を中心に使用）は8月10日に鹿児島に達した。

一方、軍電は、3月16日の船隈《ふなぐま》（司令部が設置されていた）から高瀬《たかせ》にいたる架線に始まり、次いで山鹿《やまが》に延び、続いて熊本より馬見原《まみはら》を経て三田井《みたい》（高千穂町《たかちほ》）といった具合に作戦の進行とともに延長された。このようにして陸軍通信隊が誕生し、軍電は9月3日に鹿児島に達している。

政府軍指揮系統の命脈

明治維新から10年、近代国家への道を歩み始めた新政府は、西郷隆盛《さいごうたかもり》の決起を受けて、全国各地に駐屯する鎮台兵を動員して九州に集中した。これらの部隊を一元的に指揮するために、政府はどのような対策を講じたか？

通信は指揮の命脈であり、部隊の指揮、統制、情報および連絡の確保には通信が不可欠である。軍事の世界では「指揮、すなわち通信」といわれており、通信の確保は最優先である。わが国でも明治維新以降急速に発達していた有線電信の電報が、西南戦争における政府軍の勝利に貢献した度合は決定的だった。

サツヘイヲヨソニセンニン／サクジウシチニチ／クマモトケンアシキタグンミナマタエチヤクナスヨシ／デンホウアリタリ（薩兵凡そ2000人、昨17日、熊本県芦北郡水俣へ着なす由、電報ありたり）

これは、明治10年2月18日午前9時45分に福岡県令が発し、西京（京都）滞在中の内務卿大久保利通《おおくぼとしみち》にあてた暗号電報であり、鹿児島から出発した西郷軍が17日に水俣《みなまた》に到着したことを報告している。現物は暗号文で受信して解読した。政府—出征軍—現地部隊の一元的な指揮系統の命脈を担ったのが、当時着々と整備されていた幹線通信網である。一方、西郷軍の通信組織は伝令通信のみであり、この分野で致命的な遅れをとった。

ヲタツブン／カゴシマケンボウトヘイキヲタヅサエ／ソノケンカヘランニウ／ハンセキケンゼンニツキ／ホンジツセイトウヲヲセイダサレタリ／コノムネアイタツス（御達文、鹿児島県暴徒　兵器を携え、其県下へ乱入、叛跡顕然につき、本日征討　仰せ出されたり、此旨相達す）

右の電文は、翌19日午前9時西京局発信、熊本局着信、太政大臣三条実美《さんじょうさねとみ》から熊本県令あての官報である。2月19日、政府は西郷隆盛の挙兵を察知すると、天皇がたまたま行幸中であった京都（西京）行在所を前進本営とし、征討軍司令部を九州の福岡に設置、有栖川宮熾仁親王《ありすがわのみやたるひとしんのう》を征討総督に任命、山県有朋《やまがたありとも》、川村純義《かわむらすみよし》の両中将を陸・海軍の征討参軍として有栖川宮を補佐させた。

電報文はその旨を熊本県に通達したものだ。当時、熊本まで幹線通信網がすでに延伸されており、熊本からの電報を受けて福岡から西京へ報告し、反対に西京からの電報を福岡で中継して熊本へ転送した。

電信の軍事利用

電信が世界で初めて軍事に使用されたのは、クリミア戦争（1853～56年）だった。1854年、英・仏・オスマントルコ連合軍とロシア軍が対峙するバラクラバ（クリミア半島の村）と英・仏軍司令部が存在するヴァルナとの間を海底ケーブル（約550キロ）で、ヴァルナからパリとロンドンの最高司令部との間は陸上システムで結ばれた。

パリと現地司令部が電信でつながったおかげで、ナポレオン3世は不要不急な指示や情報の報告を頻繁に求め、派遣軍最高司令官に過大な負担を強いた。これはイギリス側でも同様で、英軍最高司令官シンプソン大将は「いまいましい電信機はすべてをむちゃくちゃにした」とぼやいた。

彼は新兵の養成と訓練、兵站補給の才に長け、未曽有の大軍を組織・運営して総力戦を遂行する軍編成に成功を収めた。また、その神経系統として、通信網をワシントン軍務省（陸軍省）↔各方面軍司令部間の戦略情報の交信だけでなく、各軍同士・各軍配下の軍団・部隊同士での戦術情報の交信にまで活用した。

（松田裕之著『連邦陸軍電信隊の南北戦争――ITが救ったアメリカの危機』）

彼とは（南北戦争の北軍）ポトマック流域軍司令官マクレラン少将で、稀有《けう》な軍事的才能を買われて軍司令官に抜擢《ばってき》されたが、野戦指揮官には不向きだったようで、1862年11月にリンカーン大統領によって罷免された。

とはいえ、彼が残した本格的な野戦電信網のレガシーは莫大《ばくだい》だった。マクレランは観戦武官としてクリミア戦争に参加し、英・仏連合軍が通信専門部隊を派遣し、電信で司令部間をつなぎ、戦線に分散した軍を有機的に連携させる光景にヒントを得て、米軍に野戦型情報通信網を導入することを心中期していた。

ボーア戦争で野外有線電話が使用された

野外有線電話機が使用されるようになったのは、南アフリカを舞台としたボーア戦争（1899～1902年）の末期からで、初期の電話機は1～6回線で使用されたために効率的とはいえなかったが、ボーア戦争の頃にはスイッチ・ボード（手動交換機）により79回線がつながるようになっていた。

第1次大戦（1914～18年）の西部戦線は長期塹壕《ざんごう》戦となり、当初は有線電信が主として使用されたが、4年後には有線電話が主要な通信手段となり、また無線が軍事通信の重要な部分を占《し》めるようになった。イギリス陸軍の標準電話機「ディー・マーク・スリー」は電話の呼び出し装置とモールス電鍵が一体化されており、音声通話が聞きとりにくい場合にはモールス信号で送受信できた。

しかしながら、有線電話は簡単に盗聴でき、敵に盗聴されて大損害をこうむるという状況が多発、やがて秘匿が必要な通話には暗号が使用されるようになった。

5-4 無線通信の時代

――「プラン1919」は電撃戦の先駆けだった――

無線通信の進歩が戦場を3次元化した

無線通信は、当初、トン・ツーの電信のみだったが、電波による音声の通信(無線電話)を実現しようという試みが始まり、アメリカのフェッセンデンが1900年に1・6キロの無線電話の実験に成功した。

無線電話は火花放電方式（スパーク・トランスミッター）でスタートし、3極真空管（リー・ド・フォレストが1906年に発明）の使用によって安定した強い電波が発信できるようになり、第1次大戦（1914～18年）で軍事用に使用されて無線通信技術が著しく進歩し、第1次大戦後に民間に開放された。

イギリス陸軍は、第1次大戦勃発の頃までは、長波を利用する火花放電方式の無線機を使用していたが、取り扱いが難しく、重く、かつ信頼性が欠けた。

1912年、海軍および陸軍の航空部門を合併して英国航空軍団（RFC）が発足した。彼らは1914年までに砲兵の射撃を統制（観測・修正）するために無線の使用を開始していた。機上の観測者は、スパーク・セットを使用して、発射された砲弾の着弾位置を特定して地上の砲兵指揮官に知らせた。これをうけて、砲兵指揮官は砲弾が目標に命中するように必要な修正を行った。

（Maureen Bridge、John Pegg 著『Call to Arms』）

熱電子管の発明により、中・短波が利用できるようになり、信頼性は向上したが、取り扱いは相変わらず厄介《やっかい》だった。B・E・セットとして知られているイギリス陸軍のトレンチ・スパーク・セットは、運搬は3人で行ない、その他に空中装置および予備バッテリーの操作に3人が必要だった。

1918年8月8日、パリの北100キロのアミアンで、英国戦車軍団に所属する462両の戦車が英空軍第8飛行隊の戦闘機18機と協力して、英第4軍（3個軍団）を先導してドイツ軍に襲いかかった。「太陽が戦場に沈む頃には、ドイツ軍は開戦以来最大の敗北を喫した」とドイツ軍公式記録が認めるように、英軍はわずか1日でドイツ軍陣地の縦深を12キロも突破した。

第1次大戦の西部戦線に画期的新兵器の戦車と飛行機が登場し、軍隊の機動力は兵士の筋力と動物の脚力への依存から内燃機関（ガソリン・エンジン）へと変化し、戦場は広域化・立体化した。このような立体的な機動戦の実現には、空地間の通信と地上の機動部隊を移動しながら指揮できる通信、すなわち無線通信のさらなる進歩がカギを握っていた。

「プラン1919」が近代的機動戦の原点

第1次大戦の末期、膠着した西部戦線を打開する切り札として英戦車軍団参謀長J・

F・C・フラー中佐が着想したのが「プラン1919」だった。であるが、1918年11月に西部戦線の戦いが終わり、「軍事史上最も高名な不発の計画」として陽の目を見ることはなく廃棄された。

「プラン1919」とは作戦正面（150～160キロ）のうち80キロメートルを攻撃正面に想定、約5000両の戦車を投入するという雄大な構想で、中核となるD型中戦車およそ2000両を1919年5月までに整備するという壮大な青写真だった。

フラーの発想が実現したのは1940年5月のドイツ軍による電撃戦（ブリックリーク）が最初で、1991年2月の米陸軍を主体とする多国籍軍による「砂漠の嵐」地上戦での100時間勝利はその現代版といえる。

フラーが幻のマニュアルといわれた『講義録・野外要務令第Ⅲ部』を刊行した1932年当時は、まだ無線通信の黎明期に過ぎなかったが、その最終章で将来の機甲戦を見すえた通信システムのあり方を提案している。

検証すべき課題は次の4項目である。

1　戦車乗員間の通信（※車内通話）

2　戦車間の通信
3　戦車部隊間の通信
4　野外における第一線部隊と後方の司令部間の通信

1番目の課題はのど当て送話器として解決されている。2番目に関しては、色彩旗や手旗が通信に使用され、それなりに成果をあげている。また、第1次大戦時では夜間に色彩灯が使用された。とはいえ、手旗信号も色彩灯も十分に検証されているとはいえない。最後の2つに関しては無線通信が唯一の満足すべき解決策と思料する。理由は以下の2点である。

第1点は、戦車部隊内の各グループ〈戦車中隊、戦車小隊等〉は送受信機を装備した指揮官戦車の統制下にあるべきということ。第2点は、各グループ内の戦車はユニット〈たとえば戦車小隊〉としてまとまって行動すべきで、各戦車は指揮官の視界外、すなわち統制外に長く出てはいけないということ。

（J・F・C・フラー著『講義録・野外要務令第Ⅲ部』）

無線通信が電撃戦を可能にした

1940年5月のドイツ軍による電撃戦は、フラーが著書を発行して通信システムを提唱した8年後である。この間に、ドイツでは機甲師団が創設され、空―地、戦車―戦車、部隊―司令部間を結ぶ各種の車載無線機が開発され、空地一体の機動戦を可能にするお膳立てが整っていた。

電撃戦の立役者グデーリアン将軍はフラーの各著作を精読しており、フラーの理論的な愛弟子《まなでし》といっても過言ではない。また、グデーリアンは第1次大戦で通信部隊に所属し、通信の実務にも通じていた。電撃戦はあらゆる兵種の緊密な協力がなければ成立しない。テクノロジーの進歩により指揮官同士が直接通話できるようになり、車載無線通信機が決定的な決め手となったのはいうまでもない。

各戦車中隊は、各五両編成の戦車小隊三個からなるが、さらにそれに中隊長用戦車二両（一両は予備車）が加わる。中隊長戦車は、命令を受領しそれを伝達するために、送受両用の無電を装備していた。各小隊長戦車は一方向無電だけを備え、命令を受けることはできたが、回答はできなかった。小隊の他の戦車は無電設備がなく、小隊長戦車からの視認信号に頼らなければならなかった。
（レン・デイトン著、喜多迅鷹訳『電撃戦』）

動きの激しい機甲戦では、指揮官が陣頭で指揮しなければ、第一線部隊を適確に統制できない。グデーリアンは機甲部隊各指揮官に対して、指揮所の設置を数両の装甲車両内に限定し、前線から至近距離にとどまるよう指示している。

人工衛星を利用する無線通信が画期をもたらした

昭和38（1963）年11月23日朝、史上初めて、太平洋を横断するテレビ中継の実験が公開された。中継に使用されたリレー1号衛星は3時間で地球を1周する周回衛星で、日米双方が同時にテレビを見ることができる時間はわずか20分程度だった。この歴史的な宇宙中継で日本に初めて届いた映像は、「ケネディ大統領暗殺」というまさに衝撃的なニュースであった。

また、赤道上空3万5800キロメートルに打ち上げられ、地球の自転と同じ速度で回すと1点に静止しているように見える通信衛星は、静止衛星と呼ばれる。このような静止衛星3個で地球全体をカバーすることができる。静止衛星のおかげで、海底ケーブルに頼らない地球全体を結ぶ無線通信が可能になった。

湾岸戦争（1990年8月〜91年3月）では衛星通信が地球規模で使用され、「砂漠の嵐作戦」では、戦場の野戦指揮官と国家および統合戦略情報の意思決定者を結ぶトロージャンが登場している。

トロージャンは、重大な情報資料を管理し配付できる移動通信システムで、「砂漠の嵐作戦」の発動直前に急遽《きゆうきよ》配備された新装備だった。迅速に展開できるハンビーやC－130輸送機のような航空機に搭載できる。

トレーラーに搭載した12組のトロージャン端末が戦域に到着したのは1991年2月8日。受領した部隊は、電子メール・ファクシミリ・電話が一体となったトロージャンを使いこなすための72時間の訓練が必要だったが、トロージャンが部隊に配備されると、情報テンプレート送信の主要なチャンネル＝手段になった。

5-5 デジタル通信の時代

――ストライカー旅団は完全デジタル化歩兵旅団――

デジタル通信の日常化

私たちに身近な電話、カメラ、テレビなどはつい最近までアナログ製品だった。今日では文字（アルファベット、数字、漢字、平仮名、カタカナなど）、音声（電話、音楽など）、画像（写真、動画など）がデジタル化――「1」と「0」で表す――されて、電話もカメラもテレビもすべてがデジタル製品となった。アナログ送信とデジタル送信のいずれも途中で雑音がはいることは同じだが、デジタルは品質が劣化しないという特性がある。

手元のスマホを操作すれば、いつでもどこでも、リアル・タイムで世界中とつながる。カーナビは車の正確な位置を常時表示して行きたい場所へ案内してくれる。また、2020年の新型コロナウイルスによるパンデミックが、わが国の日常生活に影響を与えたことは記憶に新しい。

テレワークによる自宅勤務、大学生から小学生にいたるまでのオンライン授業、さらにはオンライン入社式・結婚式・葬儀・飲み会なども話題になった。これらはデジタル、インターネット、ITテクノロジーの進化のおかげである。

デジタル通信は元来軍事用として開発されたが、今日ではほとんど民生用に開放され、私たちの日常生活に欠くことのできないツールとなっている。存在すること自体が当たり前となり、軍事用と民生用の境界すらなくなった。

インターネットは軍事目的から始まった

アメリカは、核戦争が起きた場合に、一般用電話回線はもとより軍事用電話回線が遮断されることを想定して、核戦争時の通信システムのあり方の研究を開始した。具体的な形となったのは、1969年の国防総省高等研究計画局が軍事目的で開始したARPANET（アーパネット）である。

インターネットは政府機関および研究機関によって運営され、商業利用が可能になったのは1990年代に入ってからで、アメリカでは1990年にインターネットへの加入制限が撤廃された。日本では1993年に商業利用が開始され、インターネット利用者が急激に増えて今日の盛況にいたっている。

余談となるが、筆者のインターネット以前の個人的な牧歌的体験を紹介する。

1982（昭和57）年、当時の陸上幕僚監部調査部・地域担当（米欧）幕僚だった筆者はハワイの太平洋軍司令部G2（情報部）との情報交換会議に出席して、G2の若い大尉が「私は毎朝4時頃から世界中から集まる情報資料に目を通し、必要な事項を報告する」と述べたことに衝撃を受けた。

当時、米軍は6個統合軍（太平洋軍、欧州軍、南方軍、大西洋軍、中央軍、即応軍）、3個特定軍（戦略空軍、輸送空軍、航空宇宙軍）などで構成されており、これらはネットワークでつながり、太平洋軍司令部G2には、常時、各統合軍などからの情報が入り、特に情報幕僚の朝一番の仕事はこのチェックに忙殺されるとのことであった。

当時の筆者の朝一番の仕事は新聞記事の切りぬきで、米軍との落差に愕然とした。新聞記事の切りぬき――重要な情報源であることは間違いないが――という牧歌的な光景が、情報の総本山であるべき陸幕調査部の現実だった。携帯電話、インターネットなどは夢のまた夢の時代であった。

21世紀型軍隊の申し子ストライカー旅団の誕生

米陸軍が2003年に創設したストライカー旅団戦闘チーム（SBCT）は完全デジタル化・軽装甲・自動車化の歩兵旅団。ストライカー旅団が誕生した背景には、当時の米陸軍参謀総長エリック・シンセキ大将が抱いた2つの危機感があった。1つは湾岸戦争の「砂漠の盾作戦」、もう1つがコソボ紛争にKFOR（コソボ治安維持部隊）として参加したときの苦い経験である。

1990年8月、イラク軍がクウェートに侵攻、全土を占領して機甲部隊をサウジアラビアの国境に展開した。アメリカ合衆国はサウジアラビア国王の要請に基づいて米軍をサウジアラビアに緊急展開した。米軍は「砂漠の盾作戦」を発動し、第82空挺師団を急遽派遣してその掩護下で多国籍軍の集中を急いだ。このとき、もし、イラク軍がサウジアラビアに侵攻していたならば、軽戦力の第82空挺師団は手痛い打撃を受けていたであろうという痛切な反省だ。

1999年のコソボ紛争に、NATOは空爆で対応したが、地上部隊の迅速な介入が必要となり、実質的なNATO軍としてKFORが編成されて、イギリス・フランス・ドイツ・イタリア・アメリカなどの部隊が参加。米軍はドイツに駐留していた在欧米陸軍の第

1機甲師団を派遣した。

米陸軍は重戦力の第1機甲師団のエイブラムス戦車・ブラッドレー戦闘車などを投入したが、戦略展開（空輸、海上輸送、鉄道輸送、陸路移動など）に長大な時間がかかった。第1機甲師団はアルバニアを経てコソボへ移動したが、峻険な地形、貧弱な道路網、脆弱《ぜいじゃく》な橋梁などになやまされ、危機に迅速に対応できなかった。

このような経緯があって、シンセキ参謀総長のいう「ヘビー・アンド・ライト」の間隙をうめる部隊として、先駆者の役割を担ってストライカー旅団戦闘チームが創設され、最初の部隊が2003年に新編された。

完全デジタル化部隊

ストライカー旅団は完全デジタル化部隊で、指揮・統制のためのインフラストラクチャーが整備されており、このインフラを介して、あらゆる情報が旅団本部に集まり、そして必要なところに流れる。旅団長から末端の一兵士まで情報の共有が可能であり、命令も人を集める必要はなく、瞬時に必要な部署・人に伝達される。

ストライカー旅団戦闘チームのネットワーク・システムは陸軍戦闘指揮システム（AB

CS：アーミー・バトル・コマンド・システム）とリンクし、陸軍戦闘指揮システムは地球の全面をカバーする各種衛星——地球測位衛星、偵察衛星、通信衛星、航法衛星、気象衛星など——とリンクしている。

陸軍戦闘指揮システム（ABCS）は10個の核となる戦場自動化システム、共通サービス、ネットワーク管理で構成され、旅団長は陸軍戦闘指揮システムの各システム、旅団のインフラストラクチャーを通じて必要な情報を授受し、計画、調整、実施という一連の指揮・統制活動を行なう。

古来、指揮官は状況不明という霧のなかでの決断を求められた。それゆえに、敵を知り、わが予期をもって敵の不期を撃つことが戦いの要諦《ようてい》として重視される。このカギを握るのが情報の優越である。

旅団戦闘チームの作戦地域全体に主動的に配置したサーマル・イメージャーの監視サイト（LRAS3）、小型無人機（UAV）、通信情報センサー（プロフェト）、各種無人地上センサー、砲迫部隊のレーダーなどから得られた情報は、リアル・タイムで主指揮所（情報セル）に集まり、旅団長はどこにいても常に最新の敵情——正確な位置、移動の追跡——をディスプレイで確認できる。

情報の優越により旅団長は早期決断が可能になり、結果として部下部隊に十分な時間の余裕を与える。旅団長はアナログで24時間かかるところをデジタルでは3時間で決断できるというデータもある。

旅団以下戦闘指揮システム（FBCB2）

「FBCB2」はコンピューター、GPS（地球測位システム）、無線通信システムが一体となったハイテク端末である。ハイテク化されたカーナビのイメージで、ストライカー車両など各種車両に搭載されている。

移動間にリアル・タイムで、指揮・統制のための諸情報を各部隊、各級指揮官、および兵士個人にまで、友軍の正確な位置、友軍と敵の最新の状況および予想される状況の推移を部隊符号・記号などの図形で、また命令・計画などを文章や作戦図として、自動化された共通のデータベースで提供する。

ストライカー旅団は700両を超える車両を装備し、全車両の70パーセント、ストライカー車両300両を含む戦闘車両の100パーセントがFBCB2を搭載している。これらが小隊、中隊、大隊、大隊以上のレベルで戦術インターネットを構成し、相互にリンク

ハンビーに FBCB2 を設置する兵士。（出典：米国防総省）

してストライカー旅団戦闘チーム全体のネットワークを形成する。

車両に搭載されているディスプレイのモニター画面には中隊の全車両の位置が電子地図上に、青色のアイコンで表示され、分隊長や車長は自車の正確な位置を知り、小隊長は中隊内における小隊各車の位置を常時正確に掌握《しょうあく》できる。また車両の位置は自動的に標示・追跡される。

C4ISR（指揮、統制、コンピューター、通信、情報、監視、偵察）の一体化はテクノロジーの著しい進歩のおかげで、7つの異なる機能が1つにまとまるだけではなく、偵察や監視のデータが即火力発揮に直結するという特性がある。

ドローンの驚異的な進歩

最近、ドローンが何かと話題になり、無人機の進歩には目を見張る。2001年10月7日、ブッシュ大統領が9・11の報復のため「不朽《ふきゅう》の自由作戦」開始を宣言した。この日、武装プレデターがアフガニスタンで初陣した。

武装プレデターとは、熱感知赤外線センサー、レーザー照準器、撃ち放し対戦車誘導ミサイル「ヘルファイア」を搭載した、革命的な無人機のことをいう。地上誘導ステーションから、センサー・オペレーターがサーマル・イメージャーで目標を捜索・発見し、（実際の空軍）パイロットが目標にレーザーを照射し、ミサイルを発射する。

武装プレデターは、ウズベキスタンの軍用飛行場から離陸してアフガニスタン上空へ侵入し、これを地球の裏側にあるCIA本部――首都ワシントンに隣接、ポトマック川のバージニア州側――構内の地上誘導ステーション（トレーラーハウス内に設置されていた）から管制して、目標のタリバン幹部を攻撃（暗殺）した。

民生用の小型無人機は各方面で多様な利用が可能であるが、ミサイルとC4ISRが一体となった「プレデター」と呼ばれる武装無人機は、軍事の世界に画期をもたらした。人間の英知が生み出すテクノロジーの進歩はとどまるところを知らず、私たちの前途にはどのような世界が待っているのだろうか？

デジタルは指揮の本質を変えるか？

デジタル、インターネット、ＩＣＴの一体化により、戦争というレベルでは超限戦の領域にますます突入すると思われる。すなわち、戦争は『超限戦』の著者が指摘するような軍事、政治、外交、経済、文化、宗教、心理、メディアなどの領域の組み合わせとなり、単純に軍事の領域にだけに収まらなくなるであろう。

では、血みどろの戦いが行なわれる作戦・戦闘の戦場でも同様なことが起きるか？

今日の戦場でもミサイル、無人航空機、各種無人センサー、ロボットなどの無人兵器が登場し、また戦車の砲手がディスプレイ上の目標を射撃するというゲーム感覚で兵器を操作する場面が増えている。

近代戦は大火力による圧倒的な破壊力を特性とするが、無人化およびゲーム感覚化が進みピンポイントで目標が破壊できるようになると、血みどろの戦場といったイメージは大幅に改善されるであろう。湾岸戦争の１００時間地上戦（「砂漠の嵐作戦」）での米軍戦死者１４６人という数字はこの予兆といっても過言ではない。

無人化およびゲーム感覚化の一層の進展は人間性の喪失につながり、戦争の性格すら変えるかもしれない。とはいえ、戦場における指揮の本質は、指揮官、幕僚、および指揮を受ける者との間の、人と人とのつながりであり、またこのような濃密な関係がなければ戦場という不条理の世界で人は戦えない。

指揮即通信といった古典的な関係を超越し、ＡＩの著しい進歩によりＡＩが命令・指示を発するようになると、指揮の本質は間違いなく変質しよう。だが、そのような時代が到来すれば現場の戦闘はロボットに任せればよく、人はこれらのシステムを管理する立場となろう。そのような世界が到来しても戦争はなくならないが、戦場での戦闘（人間同士の殺し合い）は不要になるかもしれない——。

主要参考文献

米陸軍公刊戦史『CERTAIN VICTORY THE U.S.ARMY IN THE GULF WAR』（POTOMAC BOOKS）
米陸軍野外教令FM3-0『OPERATIONS 2017』、FM3-96『Brigade Combat Team』、FM6-01-6『Knowledge Management Operations』、ADRP3-0『OPERATIONS』、ADRP6-0『Mission Command』、FM6-0『Commander and Staff Organization and Operations』
Jay Luvaas著『Napoleon on the Art of War』（TOUCHSTONE）
Maureen Bridge、John Pegg著『Call to Arms』（Focus）

飯田亮著『経営の実際』（中経出版）
井上伸雄著『情報通信技術はどのように発達してきたのか』（ベレ出版）
ウィリアム・A・コーン著、有賀裕子訳『ドラッカー先生の授業』（ランダムハウス講談社）
梅原猛著『梅原猛の授業　道徳』（朝日文庫）
大橋武夫解説『統帥綱領』（建帛社）
小倉貞男著『ドキュメント　ヴェトナム戦争全史』（岩波現代文庫）
加藤善治郎著『セコム　創る・育てる・また創る』（東洋経済新報社）

教育総監部校閲『作戦要務令註解』（昭和14年版、軍人会館出版部）
喬良・王湘穂著、坂井臣之助監修、劉琦訳『超限戦』（角川新書）
小泉信三著『任重く道遠し―防衛大学校における講話』（甲陽書房）
コリン・パウエル著、井口耕二訳『リーダーを目指す人の心得』（飛鳥新社）
スチュアート・クレイナー著、嶋口充輝監訳、岸本義之・黒岩健一郎訳『マネジメントの世紀　1901‐2000』（東洋経済新報社）
高井三郎著『シナイ正面の戦い』、『ゴランの激戦』（原書房）
P・F・ドラッカー著、上田惇生訳『マネジメント』（ダイヤモンド社）
中野　明著『腕木通信―ナポレオンが見たインターネットの夜明け［改訂版］』（電子書籍）
長嶺秀雄著『戦場　学んだこと、伝えたいこと』（並木書房）
新渡戸稲造著、矢内原忠雄訳『武士道』（岩波文庫）
野中郁次郎著『企業進化論』（日経ビジネス人文庫）
W・G・パゴニス著、佐々淳行監修『山動く』（同文書院インターナショナル）
畠山芳雄著『こんな幹部は辞表を書け』（日本能率協会）
堀　栄三著『大本営参謀の情報戦記』（文春文庫）
槇　智雄著『米・英・仏士官学校歴訪の旅』（甲陽書房）

松田裕之著『連邦陸軍電信隊の南北戦争―ITが救ったアメリカの危機』（鳥影社）
三浦瑠麗著『シビリアンの戦争』（岩波書店）
森嶋通夫著『なぜ日本は没落するか』（岩波書店）
陸上自衛隊幹部学校修親会編『統率の実際1〜3』（原書房）
リチャード・ウィッテル著、赤根洋子訳『無人暗殺機ドローンの誕生』（文藝春秋）
木元寛明著『気象と戦術』、『機動の理論』、『戦術の本質』（サイエンス・アイ新書）
木元寛明著『ナポレオンの軍隊』、『戦術学入門』、『陸自教範「野外令」が教える戦場の方程式』（光人社NF文庫）
その他各機関ウェブサイトなどの公開資料

切りとり線

★読者のみなさまにお願い

この本をお読みになって、どんな感想をお持ちでしょうか。祥伝社のホームページから書評をお送りいただけたら、ありがたく存じます。今後の企画の参考にさせていただきます。また、次ページの原稿用紙を切り取り、左記まで郵送していただいても結構です。

お寄せいただいた書評は、ご了解のうえ新聞・雑誌などを通じて紹介させていただくこともあります。採用の場合は、特製図書カードを差しあげます。

なお、ご記入いただいたお名前、ご住所、ご連絡先等は、書評紹介の事前了解、謝礼のお届け以外の目的で利用することはありません。また、それらの情報を6カ月を越えて保管することもありません。

〒101-8701（お手紙は郵便番号だけで届きます）
祥伝社　新書編集部
電話03（3265）2310
祥伝社ブックレビュー　www.shodensha.co.jp/bookreview

★本書の購買動機（媒体名、あるいは○をつけてください）

＿＿＿＿新聞の広告を見て	＿＿＿＿誌の広告を見て	＿＿＿＿の書評を見て	＿＿＿＿の Web を見て	書店で見かけて	知人のすすめで

★100字書評……戦争と指揮

名前

住所

年齢

職業

木元寛明　きもと・ひろあき

1945年、広島県生まれ。1968年、防衛大学校（12期）卒業後、陸上自衛隊に入隊。以降、陸上幕僚監部幕僚、第2戦車大隊長、第71戦車連隊長、富士学校機甲科部副部長、幹部学校主任研究開発官などを歴任し、2000年に退官（陸将補）。退官後はセコム株式会社研修部に勤務。2008年以降は軍事史研究に専念。主な著書に『気象と戦術』『機動の理論』『戦術の本質』（以上サイエンス・アイ新書）、『自衛官が教える「戦国・幕末合戦」の正しい見方』（双葉社）、『ナポレオンの軍隊』『戦術学入門』（ともに光人社NF文庫）。

戦争《せんそう》と指揮《しき》

木元寛明《きもとひろあき》

2021年1月10日　初版第1刷発行

発行者……………辻 浩明
発行所……………祥伝社しょうでんしゃ
〒101-8701　東京都千代田区神田神保町3-3
電話　03(3265)2081(販売部)
電話　03(3265)2310(編集部)
電話　03(3265)3622(業務部)
ホームページ　www.shodensha.co.jp

装丁者……………盛川和洋
印刷所……………萩原印刷
製本所……………ナショナル製本

Printed in Japan　ISBN978-4-396-11620-0　C0231